Einzelkonstruktionen aus dem Maschinenbau
Herausgegeben von Ingenieur C. Volk-Berlin □ □ □ Erstes Heft

Die Zylinder ortsfester Dampfmaschinen

von

Oberingenieur **F. Frey,**
Berlin

Mit 109 Textfiguren

Berlin
Verlag von Julius Springer
1912

ISBN 978-3-642-89704-7 ISBN 978-3-642-91561-1 (eBook)
DOI 10.1007/978-3-642-91561-1

Zur Einführung.

Mit dem Sammelnamen „Maschinen-Elemente" bezeichnet man jene Konstruktionsteile, die sich an einer Reihe von Maschinen in ähnlichen Formen vorfinden und die — losgelöst von diesen Maschinen — berechnet und entworfen werden können.

Zunächst verstand man darunter eigentlich nur die Schrauben, Nieten und Keile, die Triebwerksteile, die Elemente der Dampfmaschine, die Rohre und Absperr-Vorrichtungen. Erst später kamen auch die Einzelkonstruktionen der Hebe- und Verlademaschinen hinzu und in der neuesten Zeit schenkt man auch den Elementen der Werkzeugmaschinen gebührende Beachtung, während noch viele Zweige des Maschinenbaues der gleichen Berücksichtigung harren. Aber nicht nur die Grenzen, die dem Begriff der „Maschinen-Elemente" zukommen, haben sich so beträchtlich erweitert, daß kein geringerer als Bach sagen mußte, es sei „dem einzelnen einfach unmöglich, sich auf allen in Betracht kommenden, zum Teil sehr weit ausgedehnten Gebieten vollständig auf dem Laufenden zu erhalten", sondern auch die einzelnen Elemente haben eine so reiche Ausgestaltung erfahren, verlangen zu ihrem sachgemäßen Entwurf die Verwertung so mannigfacher Erfahrungen, daß neben den zusammenfassenden Büchern über Maschinenteile auch Sonderhefte am Platze sein dürften, die sich nur mit einem Konstruktionsteil beschäftigen.

Dabei wird die Behandlung eine andre sein müssen, je nachdem Konstruktionen in Frage kommen, die immer wieder — unter Anpassung an die verschiedensten Bedingungen — berechnet und entworfen werden müssen, oder die, wie z. B. die Kugellager, eigentlich nur von wenigen Ingenieuren konstruktiv behandelt werden, während die größere Zahl der Fachgenossen mit der Auswahl, dem Einbau und dem Betrieb zu tun hat, oder ob es sich endlich um Teile handelt, für deren Entwurf in erster Linie die praktischen Erfahrungen und bewährte Ausführungen maßgebend sind. Daraus geht hervor, daß es verfehlt gewesen wäre, den Sonderheften irgendeine Einheitlichkeit aufzuzwingen, eine äußere Übereinstimmung in bezug auf den Inhalt und die Anordnung. Es war im Gegenteil die Aufgabe der Verfasser, stets jene Darstellung zu wählen, die dem zu behandelnden Gegenstand am besten zu entsprechen schien. So war einmal die rechnerische, dann wieder die betriebstechnische oder die technologische Seite der Aufgabe stärker zu betonen. Und während z. B. eines der Sonderhefte nur die Zylinder ortsfester Dampfmaschinen behandelt und die Zylinder andrer Motoren den folgenden Heften zuweist, versucht das Heft über Kolben die Wandlungen zu zeigen, die dieses eine Element erfährt, je nachdem es für eine Dampfmaschine oder ein Gebläse, für eine Pumpe oder eine Gasmaschine bestimmt ist.

In den einzelnen Heften haben die Verfasser nicht nur ihre eigenen, zum Teil auf langjähriger Praxis beruhenden Erfahrungen niedergelegt, sondern auch die Mitteilungen und Anregungen von Ingenieuren verwertet, die auf dem gleichen Gebiete tätig sind. Allen Heften gemeinsam ist die Verwendung eines reichen Figurenmaterials, für dessen sorgfältige Wiedergabe ich der Verlagsbuchhandlung zu besonderem Dank verpflichtet bin.

Möchten die „Einzelkonstruktionen“ überall dort gute Dienste leisten, in Schulen und in Fabriken, wo junge Fachgenossen abwägen und aufbauen, wo sie sich mühen und sich üben im Dienste der Technik.

Berlin, im Herbst 1911.

C. Volk.

Vorwort.

Die vorliegende Arbeit soll die Bauarten der Zylinder ortsfester Dampfmaschinen an Hand von Zeichnungen vorführen. Es war die Absicht des Verfassers, zu zeigen, in welcher Weise die Verwendung des Heißdampfes zahlreiche Änderungen der früher gebräuchlichen Formen veranlaßt hat, und warum eine Reihe von Gesichtspunkten, die noch vor wenigen Jahren eine untergeordnete Rolle spielten, heute bei der Gestaltung der Dampfzylinder vollste Beachtung fordern.

Der Hinweis auf diesen Zusammenhang zwischen der Form, den Betriebsbedingungen und der Herstellung in Verbindung mit zahlreichen Abbildungen nach Werkstattzeichnungen angesehener Firmen wird daher manchem jüngeren Konstrukteur als Ergänzung und Erweiterung der Bücher über Dampfmaschinen willkommen sein.

Den Firmen, die dem Herausgeber in so liebenswürdiger Weise Zeichnungen überlassen haben, sei der verbindlichste Dank ausgesprochen und gleichzeitig bemerkt, daß dem Verfasser nicht die Originale, sondern nur die für die Herstellung der Abbildungen erforderlichen Umzeichnungen zur Verfügung standen. Endlich dankt der Herausgeber Herrn Oberingenieur Marzahn-Chemnitz für manch wertvolle Unterstützung bei den ersten Vorarbeiten.

Inhaltsverzeichnis.

I. Allgemeine Gesichtspunkte.

Für die Konstruktion der Dampfzylinder sind hauptsächlich folgende Gesichtspunkte von Bedeutung:

1. Rücksicht auf billigste Herstellung und Vermeidung von Konstruktionen, die die Herstellung erschweren oder gar gefährden könnten. In erster Linie wird dabei die Herstellung des Gußstückes zu beachten sein, während an zweiter Stelle die weiteren Bearbeitungen einschließlich der erforderlichen Prüfungen auf Dichtheit u. dgl. von Wichtigkeit sind.

2. Rücksicht auf die im Betriebe auftretenden Beanspruchungen und Beachtung der unvermeidlichen Formänderungen, die einesteils durch die zu übertragenden Kräfte, andernteils durch die verschiedene Erwärmung der einzelnen Zylinderteile und der mit dem Zylinder unmittelbar in Berührung kommenden Teile der Maschine bedingt sind.

3. Rücksicht auf günstigste Ausnützung der zugeführten Wärme, d. h. möglichste Vermeidung aller Verluste, die sich einteilen lassen in Verluste durch Wärmeausstrahlung und Ableitung an die umgebende Luft einerseits und Wärmeabgabe an den austretenden Dampf anderseits.

Rücksichten auf den Guß.

Man gebe dem Zylinder eine überall ziemlich gleiche Wandstärke und halte nur die Flanschen wesentlich kräftiger als die Wandung.

Es ist eine viel zu wenig beachtete Tatsache, daß eine möglichst gleichmäßige Wandstärke den sauberen Guß eines sonst verwickelten Stückes stets außerordentlich erleichtert. Bestrebungen, durch Anwendung verschiedener Wandstärken an Material zu sparen, haben für die hier zu betrachtenden Zylinder ortsfester Maschinen keine Berechtigung.

Der Materialwert eines fertigen Zylinders von rd. 3000 kg Gewicht wird in den meisten Fällen ungefähr 25 v. H. der Herstellungskosten (einschließlich aller Unkosten) betragen. Eine Vermehrung des Gewichtes um 10 v. H. verursacht also eine Steigerung des Preises des fertigen Zylinders von nur rd. 2,5 v. H, die keine Bedeutung hat, wenn ein Fehlguß mit allen seinen unangenehmen Folgen dadurch vermieden werden kann.

Der Übergang von schwächeren zu stärkeren Stellen (Flanschen, Laufflächen usw.) sei allmählich, unter Vermeidung von Materialanhäufung. Dabei wird oft übersehen, daß durch die Zugabe für die Bearbeitung das Verhältnis der Wandstärken ganz erheblich anders ausfällt, als es auf der Zeichnung des fertigen Zylinders erscheint. Bei neuen schwierigen Gußstücken fertige man daher eine besondere Zeichnung für die Tischlerei und Gießerei an oder zeichne wenigstens an den Übergangsstellen auch die Wandstärke des Rohgusses ein.

Geschieht dies nicht, so werden Fehler der erwähnten Art oft nur dann rechtzeitig erkannt, wenn zwischen Konstruktionsbureau, Tischlerei und Formerei eine stete Fühlung besteht.

Fig. 1 und 2 zeigen richtige und unrichtige Materialverteilung beim Anschluß des Ventilgehäuses an den Zylinder; Fig. 3 zeigt, wie man eine Materialanhäufung vermeiden kann, falls man gezwungen ist, den Zylinderflansch an das Ventilgehäuse anlaufen zu lassen. Doch wird man diese Ausführung nach Möglichkeit umgehen und trachten, den Flansch vom Ventilgehäuse zu trennen. (Vgl. Fig. 27.)

Wenn Rippen, längere Stutzen für Entwässerung, Schmierung u. dgl. nicht zu vermeiden sind, sollte mindestens angestrebt werden, sie senkrecht auf die betreffenden Flächen aufzusetzen. Fehler werden hier sehr häufig begangen, und die Folge ist, daß die in den spitzen Ecken sich notwendigerweise ergebende Materialanhäufung schwammigen oder gar porösen Guß verursacht. Stutzen, an die Rohrleitungen mit Flanschen oder Hähne u. dgl. anzuschließen sind, und die deshalb ziemlich bedeutenden Durchmesser erhalten müssen, werden, trotz größerer Arbeit für

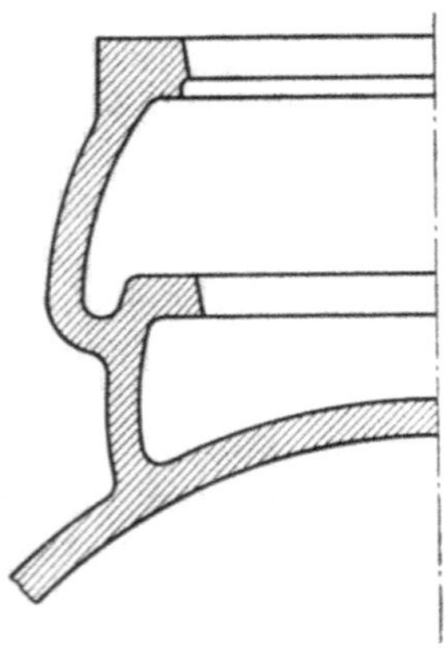

Fig. 1.

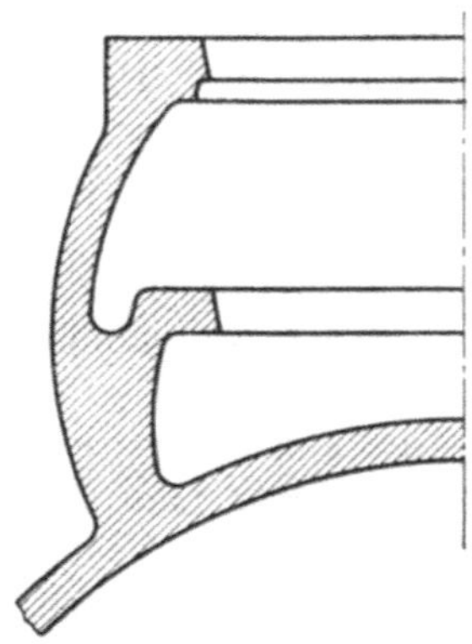

Fig. 2.

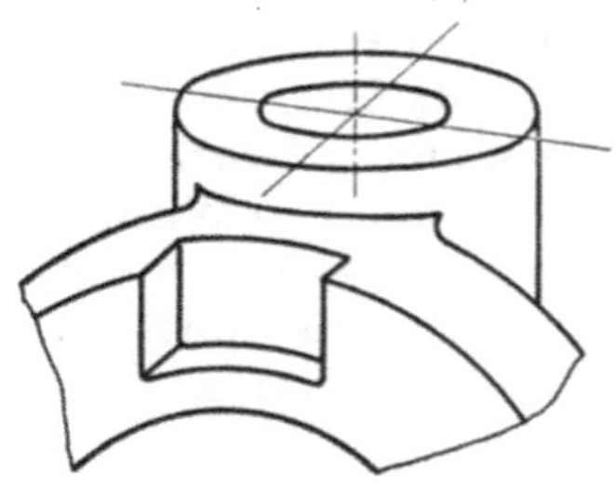

Fig. 3.

Fig. 4.

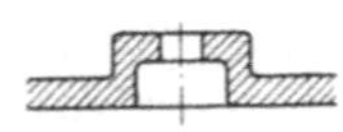

Fig. 5.

den Former, vorteilhaft nach Fig. 4 oder Fig. 5 ausgeführt. Am besten ist es immer, derartige Angüsse möglichst zu vermeiden oder doch so kurz wie möglich zu halten. Während man früher stets bestrebt war, Dichtungen unter der Zylinderverkleidung zu vermeiden, hat sich längst die Überzeugung Bahn gebrochen, daß bei sachgemäßer Ausführung gegen derartige Dichtungen keine Bedenken bestehen. Auch werden Ersparnisse durch das Angießen langer Stutzen in den meisten Fällen nicht erzielt, wenn alle unangenehmen Überraschungen, die man dabei zu gewärtigen hat, richtig eingeschätzt werden.

Wenig angenehm sind für den Former angegossene, weitausladende Füße. Sie sind auch aus Gründen, die später erörtert werden sollen, möglichst zu vermeiden. Wie weit man in dieser Hinsicht gehen darf, hängt natürlich sehr von der Leistungsfähigkeit der betreffenden Formerei ab. Man wird überhaupt häufig Konstruktionen finden, die durchaus nicht ohne weiteres für jede Gießerei ausführbar sind. Schon über die Frage, wann oder bis zu welcher Größe die Lauffläche des Zylinders eingegossen werden kann, oder ob ein besonderer Einsatzzylinder erforderlich ist, gehen die Ansichten weit auseinander. Dasselbe gilt für die Schieberspiegel und die Laufbüchsen der Kolbenschieber. Bei einigermaßen breiten Schieberkasten wird es immer schwierig bleiben, einen tadellosen Guß zu erzielen, sofern die Zylinder stehend gegossen werden, weil der mit dem Eisen in der Form aufsteigende Staub unter den breiten, wagrecht an den Kern des Schieberkastens anschließenden Kanalkernen nicht leicht zur Seite ausweichen kann und sich an den in Fig. 6 angedeuteten Stellen festsetzt. In diesen Fällen werden die Vorteile des Gusses in stehender Form gegen diese Nachteile abzuwägen sein. Die Anstände, die porös gegossene Spiegel im Betrieb ergeben, haben auch zur Konstruktion besonders aufgesetzter, auswechselbarer Schieberspiegel geführt. Wenn anderseits einzelne Firmen so weit gegangen sind, sogar die bei Ventilmaschinen bisher allgemein üblichen, besonders eingesetzten Ventilsitze zu verlassen und die Dichtflächen der Ventilsitze direkt in den Zylinder einzudrehen (vgl. Fig. 7 bis 9), so beweist dies ein ungewöhnliches Vertrauen auf tadellosen, porenfreien Zylinderguß.

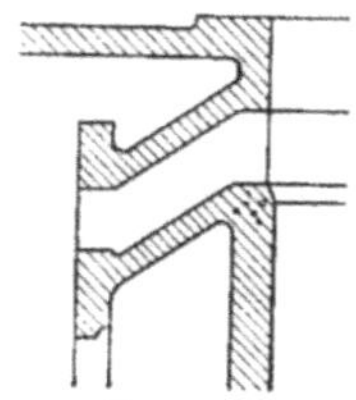

Fig. 6.

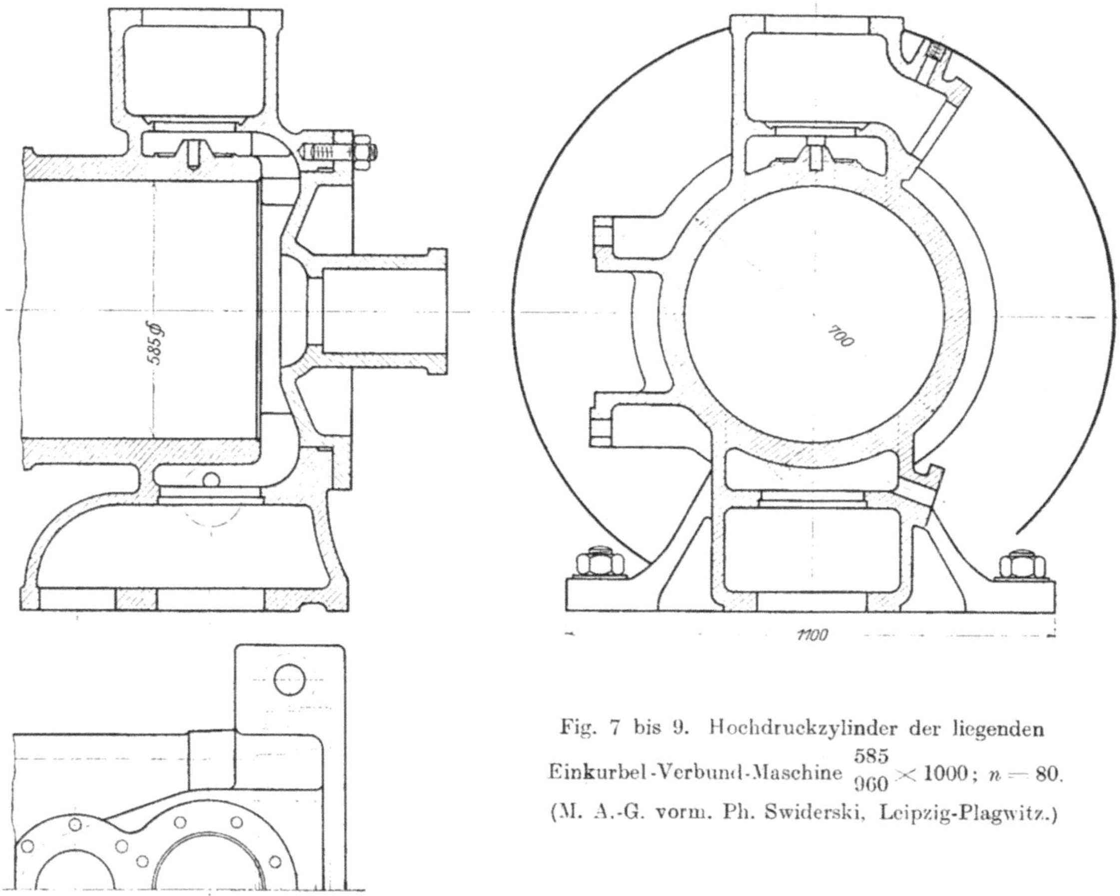

Fig. 7 bis 9. Hochdruckzylinder der liegenden Einkurbel-Verbund-Maschine $\frac{585}{960} \times 1000$; $n = 80$. (M. A.-G. vorm. Ph. Swiderski, Leipzig-Plagwitz.)

Rücksichten auf die Gießerei sind auch bei der Konstruktion des häufig angegossenen vorderen oder unteren Zylinderdeckels zu nehmen. Meist wird ja schon wegen der späteren Bearbeitung die Stopfbüchse besonders eingesetzt werden, so daß die verbleibende Öffnung eine beträchtliche Größe besitzt. Immerhin ist besonders bei Zylindern von großem Durchmesser zu beachten, daß der Mittelkern der Form vor dem Guß in der Hauptsache durch den Hals vom Durchmesser D (Fig. 10) getragen werden muß, und daß es sich deshalb empfiehlt, denselben nicht zu klein zu wählen.

Der hintere, bzw. obere Zylinderflansch wird wohl stets eine zusammenhängende Ringfläche bilden, im Gegensatz zum vorderen Flansch, der, wie wir später sehen werden, häufig mit Unterbrechungen ausgeführt wird. Es ist dies wesentlich, weil dadurch das Aufsetzen eines „verlorenen Kopfes“ von ringförmigem Querschnitt ermöglicht wird, der bei größeren Zylindern stets angewendet werden sollte. Bei Aussparungen im hinteren Flansch ist deshalb hierauf Rücksicht zu nehmen.

Bei allen in der Grundform runden Kernen, wie sie bei Kolbenschieber- und Drehschiebergehäusen vorkommen, ist stets mit einer geringen Verdrehung gegen die richtige Lage zu rechnen und bei den durch eine solche Verdrehung gefährdeten Kanten für die Bearbeitung reichlichere Zugabe empfehlenswert.

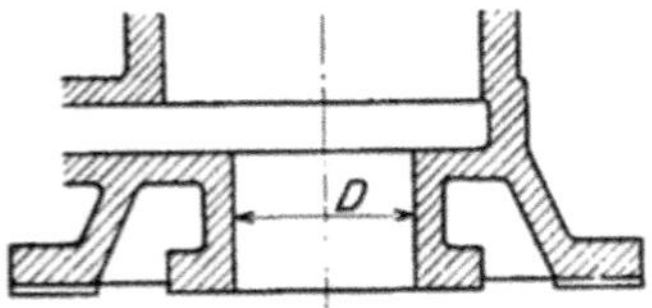

Fig. 10.

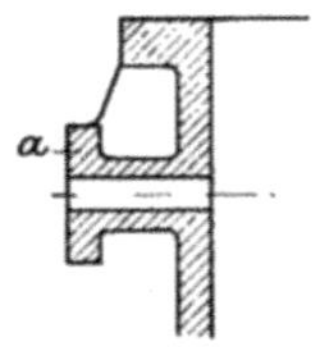

Fig. 11.

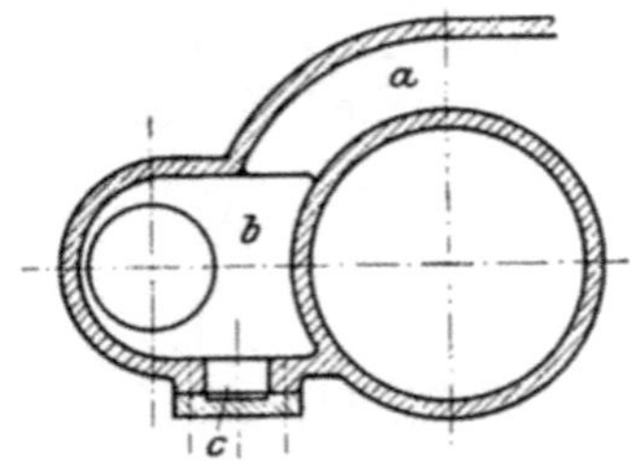

Fig. 12.

Wie schon oben erwähnt wurde, sind Rippen zur Versteifung im allgemeinen nur in den Fällen anzubringen, in denen auf andere Weise eine genügende Festigkeit nicht zu erzielen ist. Dann ist aber darauf zu achten, daß die Rippen mindestens gleiche Wandstärke wie die anschließenden Teile des Zylinders haben, und zwar unter Berücksichtigung einer etwaigen Zugabe für Bearbeitung der durch die Rippen versteiften Teile. Rippen, die zur Versteifung gegenüberliegender Kanalwandungen eingegossen werden, sind stets etwas stärker als diese Wandungen zu halten, da sie häufig durch nicht sorgfältige Ausführung der betreffenden Kerne wesentlich schwächer ausfallen, als die Zeichnung angibt. Hohe außenliegende Rippen sind zu vermeiden und in vielen Fällen, in denen sie an ausgeführten Zylindern anzutreffen sind, durchaus entbehrlich. Es kann allerdings auch Fälle geben, in denen Rippen, ohne daß deren Anwendung aus Festigkeitsrücksichten geboten erscheint, von Nutzen sind. Ein einfaches Beispiel zeigt Fig. 11. Hier hat die Rippe lediglich den Zweck, beim Aufsteigen des Eisens in der Form dem Schaum, der sich bei „*a*“ festsetzen könnte, freien Abzug nach oben zu bieten.

Schließlich darf bei der Konstruktion der Zylinder auch nie außer acht gelassen werden, daß es möglich sein muß, die Kanäle u. dgl. in allen Punkten sauber von Kernresten zu reinigen. Es sind deshalb die erforderlichen Reinigungsöffnungen auf der Zeichnung genau anzugeben. Diese werden meist schon zur Abführung der Luft aus den Kernstücken erforderlich sein. Es kann jedoch auch der Fall eintreten, daß lediglich zur Kontrolle noch besondere Öffnungen vorgesehen werden müssen. Beispielsweise kann es bei der in Fig. 12 angedeuteten Form vorkommen, daß der Kern des Kanales *a* in der Form nicht richtig an dem Kern *b* anliegt. Es entsteht eine stark vorspringende Rippe, die unter Umständen sogar die ganze Öffnung verschließen kann und die ohne eine Kontrollöffnung *c* gar nicht bemerkt und noch weniger entfernt werden kann.

Rücksichten auf die Bearbeitung.

Die Art der Bearbeitung des Gußstückes wird insofern für die Konstruktion von Einfluß sein, als mit den Abmessungen der vorhandenen Werkzeugmaschinen gerechnet werden muß. Länge und Durchmesser der Spindel des Bohrwerkes, Durchgangsquerschnitte der Karusseldrehbank und der Hobelmaschinen werden unter Umständen auch die Form des Zylinders beeinflussen. Hier soll nur allgemein darauf hingewiesen werden, daß oft ganz gedankenlos die Bearbeitung erschwert und verteuert wird, wenn beispielsweise kleinere Stutzen u. dgl., deren Arbeitsflächen leicht in einer Ebene oder doch wenigstens in parallelen Ebenen angeordnet werden könnten, wahl- und zwecklos auf den Umfang des Zylinders verteilt werden. Wie bei der Bearbeitung aller größeren Werkstücke sollte hier in erster Linie der Grundsatz beachtet werden, daß jedes irgendwie vermeidbare Umspannen des Werkzeuges oder des Werkstückes weggeworfenes Geld ist.

Festigkeit und Formänderung.

Es liegt außerhalb des Rahmens vorliegender Arbeit, auf die eigentlichen Festigkeitsberechnungen der einzelnen Teile der Dampfzylinder, Deckel u. dgl. näher einzugehen. Es wird nur darauf hinzuweisen sein, welche Teile einer besonderen Beachtung in dieser Hinsicht bedürfen und auf welche Weise unnötige oder schädliche Beanspruchungen vermieden werden können.

Der Zylinder hat in erster Linie dem höchsten auftretenden Innendruck standzuhalten und die bei der Arbeit des Dampfes frei werdenden Kräfte auf die einfachste und sicherste Weise zu übertragen. Dabei sind Formänderungen, wenn auch meist unscheinbarer Art, natürlich nicht zu vermeiden und entsprechend zu berücksichtigen.

Für die Bemessung der Wandstärke des eigentlichen Zylinders sind eine Reihe von teils auf Erfahrung teils auf Rechnung fußender Formeln im Gebrauch, die dem Konstrukteur meist einen beträchtlichen Spielraum lassen, innerhalb dessen er die Wandstärke wählen kann. Bei den Abmessungen der Kanalwände, des Schieberkastens usw. wird die Wandstärke natürlich außerordentlich von der Formgebung abhängig sein. Die verschiedenen Arten angenäherter Berechnung aufzuzählen, hat hier wenig Wert, da alle diese Rechnungen stets die fast unvermeidlichen und unberechenbaren Gußspannungen unberücksichtigt lassen. Eine allzu knappe Bemessung der Wandstärken hat, wie schon oben erwähnt, nicht viel Zweck, da der Materialwert des Dampfzylinders nicht besonders ins Gewicht fällt.

Die Übertragung der Zug- und Druckkräfte vom Zylinder auf die Kreuzkopfgradführung geschieht fast ausnahmslos direkt durch den Zylinderflansch auf einen entsprechenden Flansch der Gradführung. Die früher für stehende Maschinen übliche, aus dem Schiffsmaschinenbau übernommene Anordnung, bei der der Zylinder einerseits durch Flanschverbindung mit dem gußeisernen Ständer und andererseits mittels angegossener Augen mit den schmiedeeisernen Säulen verschraubt wird, ist heute für größere ortsfeste Maschinen kaum mehr im Gebrauch. Man zieht es vielmehr vor, auch bei stehenden Maschinen die Gradführung mit einem umlaufenden Flansch auszubilden, an dem die schmiedeeisernen Säulen befestigt sind, und der es gestattet, die Kräfte auf den ganzen Zylinderumfang zu verteilen.

Um den Flansch des Zylinders möglichst von Biegungsbeanspruchungen frei zu halten, werden an Stelle der früher bevorzugten, durchgesteckten Kopfschrauben meist Stiftschrauben zur Befestigung mit dem Gradführungsflansch verwendet, die, wenn möglich, so angeordnet sein sollten, daß die Zugkräfte direkt auf das eigentliche Zylinderrohr übertragen werden. Führt man die Schrauben durch den Gradführungsflansch hindurch, so daß die Muttern sichtbar außen liegen, so ist diese Forderung meist nicht ganz zu erfüllen. Im Gegenteil wird man dann meistens den Schraubenkreis ziemlich groß wählen müssen, sowohl des Aussehens wegen, als auch um die Schraubenlänge klein zu halten. Es ist aber hierbei zu berücksichtigen, daß die Verbindung bei gleicher Schraubenstärke um so fester ausfällt, je kürzer die Schrauben gehalten werden können; besonders bequem ist der aus

Fig. 13 ersichtliche Doppelflansch, der bei größter Starrheit kurze Schrauben gestattet und zugleich die Möglichkeit bietet, dem Schraubenkreis den gewünschten kleinen Durchmesser zu geben. Bei Verbundmaschinen mit hintereinanderliegenden Zylindern (Einkurbel-Verbundmaschinen) beachte man namentlich den dem Hochdruckzylinder gegenüberliegenden Flansch des Niederdruckzylinders, besonders wenn der Niederdruckzylinder, wie dies heute meistens geschieht, an die Gradführung anschließt. Wegen des Deckelflansches erhält er einen ziemlich bedeutenden Durchmesser und ist ohne Versteifungsrippen oft überhaupt nicht ausführbar. Es ist deshalb jedes Mittel, den Deckelflansch zu verkleinern, von Wert. Die in Fig. 14 dargestellte Befestigung des Deckels hat sich als nützlich erwiesen, obgleich sie, wie es scheint, bisher wenig angewendet wurde. Die Schrauben zur Befestigung des Deckels sitzen dabei im Zylinderflansch auf demselben Lochkreis wie die Verbindungsschrauben zwischen Zylinder und Zwischenstück (Laterne). Hinsichtlich der bisher betrachteten Kräfte in Richtung der Zylinderachse darf schließlich nicht übersehen werden, daß der Zylinder meist durch die Dampfkanäle ganz erhebliche Unterbrechungen erfährt. Bei breiten Schieberkanälen wird man deshalb kräftige Verbindungsstege vorzusehen haben, die ja schon mit

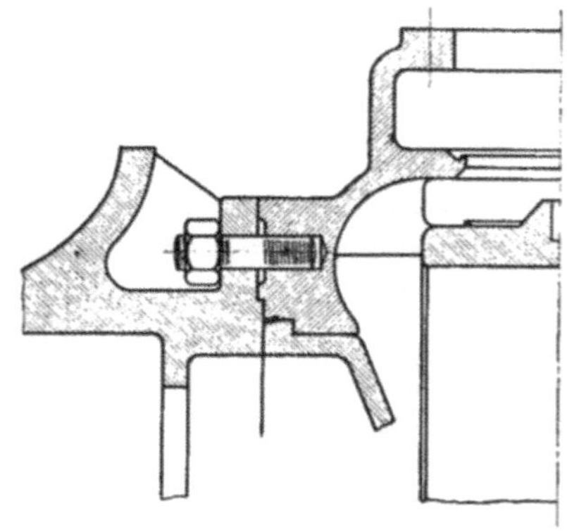

Fig. 13.

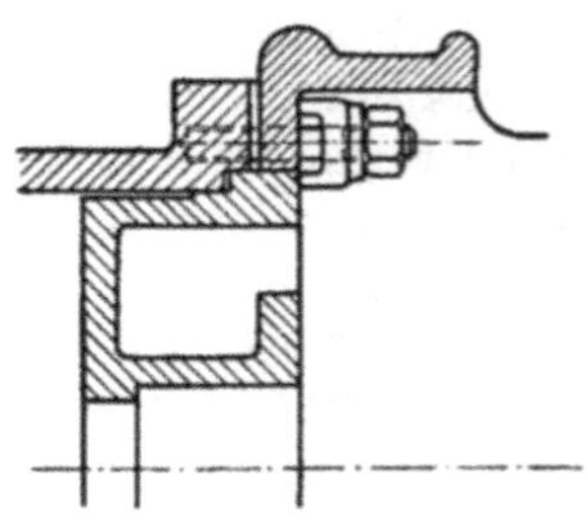

Fig. 14.

Rücksicht auf den Guß, wie oben erwähnt, wünschenswert sind. Andererseits können bei liegenden Ventilzylindern mit angegossenen Kanälen zwischen den Ventilgehäusen die Kanalwände zur Übertragung der axial wirkenden Kräfte mit herangezogen werden, wenn sie möglichst geradlinig von einem Zylinderflansch zum anderen durchgeführt werden. Trotz aller Vorsichtsmaßregeln wird man aber doch bei leichtgebauten Maschinen, besonders Einkurbel-Verbundmaschinen, häufig die Beobachtung machen, daß das Ende des hinteren Zylinders bei jedem Hub eine Bewegung in Richtung der Achse zeigt. Diese Bewegung, die schon bei einer Größe von ca. $^1/_2$ mm recht auffällig ist, wird besonders Laien stets etwas beunruhigen, obschon sie ja rechnungsmäßig als durchaus normal erwiesen werden kann. Die Längsdehnungen sind ziemlich unschädlich, falls nur dafür gesorgt ist, daß auch die Steuerungsteile an der Verschiebung teilnehmen können. Soll die erwähnte Bewegung des Zylinders möglichst vermindert werden, so wird man eben recht kräftig konstruieren müssen. Bei größeren Zylindern mit Flachschiebersteuerung ist auch die Beanspruchung, die durch die Schieberreibung entsteht, zu berücksichtigen. Das Moment des Reibungswiderstandes (Widerstand mal Abstand des Schieberspiegels von Zylinderachse) kann unter Umständen eine senkrecht zur Achse auftretende Bewegung des hinteren Zylinderendes verursachen und besonders bei stehenden Maschinen störend wirken. Bei liegenden Zylindern lassen sich seitliche Verschiebungen durch entsprechende Abstützung des Zylinderfußes verhindern. Vorsicht ist ferner geboten bei den Flanschen der Ventilgehäuse liegender Maschinen, die bei der meistverbreiteten Anordnung kegelförmig eingesetzter Ventilsitze durch Keilwirkung stark beansprucht werden. Risse, die wegen zu geringer Stärke der Flanschen hier auftreten und meist von einer der Befestigungsschrauben ihren Ausgang nehmen, gehören zu recht häufigen Unfällen.

Die Spannungsverhältnisse, die durch die Wärmedehnungen im Betriebe auftreten, sind wohl zweifellos auch in einfachen Fällen sehr schwer genau festzustellen. Das darf aber kein Grund sein, sie so wenig zu beachten, wie das häufig der Fall ist. Unfälle, die hierauf zurückzuführen sind, haben sich, wie vorauszusehen war, in größerer Anzahl erst seit der Verwendung von überhitztem Dampf bemerkbar gemacht. Um Risse durch Temperaturspannungen zu vermeiden, hat man häufig das Kind mit dem Bade ausgeschüttet und z. B. für die Heißdampfzylinder die Forderung aufgestellt, angegossene Kanäle seien überhaupt zu vermeiden. Daß dies nicht ohne weiteres berechtigt ist, möge ein Vergleich der Fig. 15 und 16 zeigen. In Fig. 15 ist der obere Teil eines Ventilzylinders gewöhnlicher Bauart dargestellt. Der Frischdampf strömt durch den Heizmantel und von diesem durch das eingebaute Absperrventil in den die beiden Ventilgehäuse verbindenden Kanal. Im Betriebe nimmt deshalb die mittlere Wand *a* die hohe Temperatur des Frischdampfes an. Die Zylinderwand nimmt, da die Mitteltemperatur des im Zylinder arbeitenden Dampfes ganz erheblich geringer ist, eine wesentlich geringere Temperatur an. Dasselbe gilt, wenn auch nicht in dem gleichen Maße, von der Außenwand, besonders wenn die Stärke der Wärmeschutzmasse gerade an dieser Stelle nur sehr gering ist, wie dies meist der Fall ist. Die Folgen der ungleichen Erwärmung sind eine bedeutend größere Dehnung der Mittelwand und dementsprechende Zugbeanspruchungen der beiden anderen. Im Gegensatz dazu zeigt Fig. 16 einen auf Mitte Zylinder angeordneten Dampfzuführungskanal einer Maschine ohne Mantel, gegen dessen Konstruktion keine Bedenken bestehen. Zwar wird die äußere Kanalwand auch höhere Temperatur annehmen, als der an die Lauffläche grenzende Teil, der zudem noch die kälteste Stelle der Lauffläche sein wird. Der Temperaturunterschied ist aber ganz wesentlich geringer, da ja kein Teil die volle Dampftemperatur annehmen wird; auch ist der Kanal so geformt, daß er die auftretenden Spannungen ohne Nachteil aufnehmen kann. Ein Beispiel eines Unfalles möge hier noch angeführt werden, das recht deutlich das verschiedene Verhalten derselben Konstruktion bei verschiedenen Betriebsverhältnissen zeigt. Es handelt sich um eine Einzylinderauspuffmaschine mit Ventilsteuerung, deren Zylinder ähnlich wie Fig. 27 konstruiert war. Die Maschine sollte mit Dampf bis 280° betrieben werden. Durch die Betriebsverhältnisse war aber längere Zeit der Maschine Dampf von 300° und mehr zugeführt worden. Eines Tages zeigten sich die in Fig. 17 angedeuteten Risse im oberen Ventilkasten, die sich nach kurzer Zeit so stark erweiterten, daß schleu-

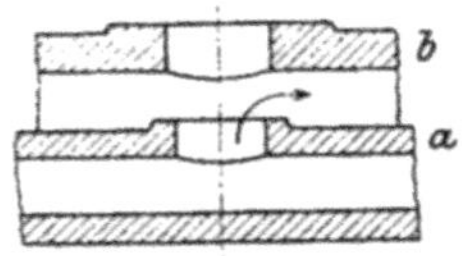

Fig. 15.

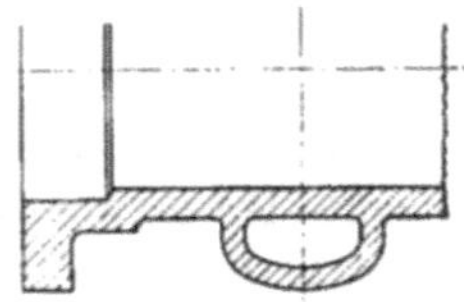
Fig. 16.

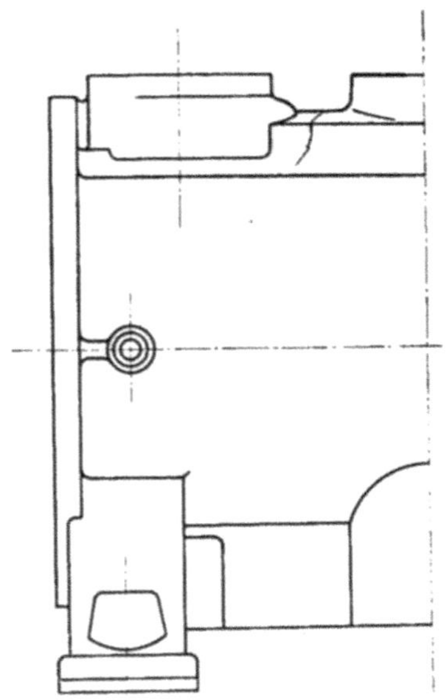
Fig. 17.

nige Abhilfe geboten war. Es wurde, um den Zylinder bis zum Einbau eines Ersatzzylinders in Betrieb behalten zu können, das eingebaute Absperrventil entfernt, die betreffende Öffnung verschlossen und der Dampf, statt wie bisher durch den Heizmantel, direkt von oben in den Ventilkasten eingeführt. Der Zylinder wurde nicht geheizt, der Dampfmantel blieb durch die überflüssig gewordene Dampfeintrittsöffnung auf der Unterseite des Zylinders mit der äußeren Luft in Verbindung. Dabei zeigte sich nun, daß die Risse sich nicht mehr wie bisher beim Inbetriebsetzen der Maschine öffneten, sondern fest geschlossen blieben, da die Mittelwand (entsprechend a in Fig. 15) nunmehr auch keine höhere Temperatur mehr annehmen konnte als die oberste Wand.

Daß bei allen mit Heißdampf betriebenen Maschinen außen liegende Rippen und sonstige Angüsse, die nicht sehr gut vor Wärmeausstrahlung geschützt sind, leicht ein Unrundwerden der Lauffläche verursachen können, liegt auf der Hand. Besonders ist dies der Fall bei längeren angegossenen Füßen. Diese bewirken sogar oft bei Sattdampfmaschinen, ja selbst dann, wenn die Lauffläche besonders eingesetzt ist, daß der Kolbenkörper an den Stellen, an denen die Füße angesetzt sind, die Lauffläche angreift. Allerdings kann dies auch lediglich daher kommen, daß die Füße an den Fußplatten seitlich geführt sind. Da sie infolge der Erwärmung länger werden und an seitlichem Ausweichen verhindert sind, drücken sie an den Ansatzstellen auf die Zylinderwand und verursachen dort eine schädliche Formänderung. Man ist ja bei Heißdampfmaschinen meist bestrebt, die angegossenen Zylinderfüße überhaupt zu vermeiden, indem man den Zylinder einerseits an der Gradführung und andererseits in einem besonderen Tragringe oder dem mit Fuß versehenen Zwischenstück lagert. Aber auch in diesem Falle ist stets darauf zu achten, daß die Füße auch wirklich möglichst kühl bleiben. Andernfalls muß man immer damit rechnen, daß die hinten angebrachten Füße die Wärme weniger leicht ableiten können als die verhältnismäßig große Masse der Gradführung, und daß deshalb das hintere Zylinderende im Betrieb etwas höher liegt, als im kalten Zustand. Man kann diesen Übelstand zwar durch geschickte Montage zu verhüten suchen, wird aber immer damit rechnen müssen, daß die beabsichtigte Wirkung nur unvollkommen erreicht wird.

Zum Schlusse möge nochmals darauf hingewiesen werden, daß bei größeren Maschinen, insbesondere bei Einkurbel-Verbundmaschinen, infolge der Erwärmung der Zylinder eine Verschiebung von Mitte Zylinder gegen Mitte Schieber oder gegen die Steuerwelle eintritt. Bei langen Steuerwellen empfiehlt sich die Teilung derselben unter Verwendung längsbeweglicher Kupplungen, so daß der zu einem Zylinder gehörende Teil der Steuerwelle sich mit diesem verschieben kann. Bei Schiebersteuerungen wird man bei Einstellung des Schiebers auf die Verschiebung des Zylinders Rücksicht nehmen müssen.

Wärmeausnützung.

Das Bestreben, einen möglichst geringen Dampfverbrauch zu erzielen, hat im Laufe der Jahre zu außerordentlich verschiedenen Dampfzylinderformen geführt. Auch heute kann man kaum sagen, daß für eine bestimmte Bauart eine allgemein anerkannte günstigste Form bestehe. Dies liegt in der Hauptsache wohl daran, daß der Einfluß der Zylinderbauart durch zahlreiche andere Einflüsse bald in günstigem bald in ungünstigem Sinne verändert wird. Während der eine Konstrukteur Erfolge in dieser Hinsicht der Verkleinerung der sog. schädlichen Räume oder der Flächen derselben zuschreibt, sieht der andere in der Anwendung eines Dampfmantels, der dritte in bester Isolierung und wieder ein anderer vielleicht in der Loslösung aller Dampfkanäle den Weg zu günstigster Dampfausnützung.

In einem Punkt scheint ja allerdings heute ziemlich Übereinstimmung zu herrschen, daß nämlich die Art der äußeren Steuerung den früher weit überschätzten Einfluß nicht hat. Natürlich werden sich zwischen den verschiedenen Flachschieber-, Kolbenschieber- und Ventilmaschinen stets Unterschiede im Dampfverbrauch ergeben, die durch das betreffende Steuerorgan selbst bedingt sind. Aber auch hier ist man zur Erkenntnis gekommen, daß der Einbau der Steuerorgane, d. h. die Form des Zylinders, zu dem natürlich hier unter Umständen auch die Deckel zu rechnen sind, weitaus den größten Einfluß ausübt.

Wie bereits gesagt wurde, können die Wärmeverluste, soweit sie nicht eine Folge der durch die Steuerung gegebenen Dampfverteilung sind, in Verluste durch Ausstrahlung oder Ableitung an die Umgebung und in Verluste durch Abführung von Wärme an den austretenden Dampf geteilt werden. Die Ausstrahlung von Wärme an die umgebende Luft suchte man von jeher durch mehr oder minder zweckmäßige Umhüllung des Dampfzylinders mit schlechtleitenden Materialien zu vermindern (siehe S. 38).

Gleiche Beachtung erfordern aber auch die Verbindungen des Zylinders mit der Geradführung, den Fußplatten, dem Zwischenstück oder unmittelbar mit einem zweiten Zylinder. Da hier die Verwendung nichtleitender Zwischenlagen ausgeschlossen erscheint, weil keiner der in Betracht kommenden nicht metallischen Stoffe die erforderliche Festigkeit besitzt, so bleibt nichts weiter übrig, als die sich berührenden Flächen so klein als möglich zu halten. Die Grenzen werden allein durch die noch zulässige Flächenpressung und etwa noch Rücksichten auf die Bearbeitung gezogen. Die Bedeutung der Ausstrahlung wird jedenfalls häufig unterschätzt, denn wenn auch die dadurch entstehenden Verluste rechnerisch oder durch Versuche nur sehr schwer und ungenau bestimmbar sind, so spricht doch der Umstand für einen bedeutenden Einfluß, daß bei gleichen Zylinderkonstruktionen und den verschiedensten Steuerungen stets die Firmen bezüglich eines geringen Dampfverbrauches die günstigsten Garantien zu geben vermochten, die auf wirksamsten Wärmeschutz große Sorgfalt verwendet haben.

Die zweite Art von Verlusten an Wärme umfaßt alle Fälle, in denen die Wärme des Dampfes an Dampf von niedrigerer Temperatur ungenützt übergehen kann. Diese Möglichkeit findet sich nun bei den meisten Zylinderbauarten an den verschiedensten Stellen.

Sieht man vom Dampfmantel ab, so ergibt sich mit Rücksicht auf derartige Wärmeübergänge die Regel, keine Zylinderwandung auf beiden Seiten von Dampf verschiedener Temperatur bespülen zu lassen. Dies erfordert in den meisten Fällen eine Loslösung der Kanäle vom eigentlichen Zylinder, die schließlich bis zur Verwendung von angeschraubten Rohrstücken an Stelle der angegossenen Kanäle geführt hat, eine Ausführung, die bereits aus Rücksichten auf die Wärmedehnungen zur Aufnahme gekommen ist.

Die Heizung des Arbeitszylinders mit Dampf ist in dieser Hinsicht zweifellos falsch und der Nutzen ist auch immer geringer geworden, je mehr die vielen Fehler, die den alten Zylinderbauarten anhafteten, beseitigt wurden.

Will man auf den Heizmantel mit Rücksicht auf das Anwärmen der Maschine vor der Inbetriebsetzung nicht verzichten, so empfiehlt es sich, den Mantel so anzuordnen, daß er nur durch ein besonderes Heizventil Dampf erhält, dessen Kondensat natürlich abgeleitet werden muß (Fig. 104). Nach Inbetriebnahme der Maschine wird der Heizdampf abgestellt. In dieser — aber allein nur in dieser — Form kann er sogar bei Heißdampfmaschinen seine Berechtigung haben. Sonst werden Zylinder für überhitzten Dampf allgemein heute ohne Dampfmantel ausgeführt, während bei Maschinen, die mit Sattdampf arbeiten, auch für die Hochdruckzylinder von den meisten Firmen noch Dampfmäntel bevorzugt werden.

Wie weit dies auf den Wunsch, die vorhandenen Modelle weiter zu verwenden, zurückzuführen ist, möge dahingestellt bleiben.

Beim Eintritt des Dampfes in den Ventil- oder Schieberkasten trifft er auf Kanalwandungen, die auf der anderen Seite von Abdampf, oft gar von Kondensatorspannung, bestrichen werden, sei es, daß sie dem Zylinder selbst angehören, oder daß der Schieber solche Stellen aufweist.

Beim Eintritt des Arbeitsdampfes in den Zylinder findet derselbe wieder Gelegenheit, einen Teil seiner Wärme an den Abdampf oder Aufnehmerdampf abzugeben, z. B. bei den Auslaßventilen, die einerseits mit dem Zylinderinnern, anderseits mit dem Dampf von niedrigerer Temperatur in Berührung stehen.[1])

Die sich aus Vorstehendem ergebende Forderung lautet, diese „schädlichen" Flächen auf das geringste Maß zu beschränken.

Eine weitere Art der Wärmeübertragung an den Abdampf ist weniger durch die Ausbildung der Zylindereinzelheiten als vielmehr durch das System selbst bedingt. Es ist dies der Wärmeübergang aus der heißen Zylinderwand in den ausströmenden Dampf, während die Auslaßkanäle geöffnet sind. Eine Beschränkung dieses Verlustes ist nur dadurch möglich, daß der Voraustritt möglichst spät und die Kompression möglichst früh erfolgt und dadurch die Zeitdauer dieses Wärmeaustausches aufs äußerste verkürzt wird.

Dieser Forderung kann in hervorragendem Maße nur die Gleichstrommaschine mit den sich bei dieser Bauart von selbst ergebenden großen Auslaßquerschnitten gerecht werden, da hier trotz hohen Vakuums der Voraustritt erst rd. 10 v. H. vor dem Totpunkt zu beginnen braucht, also wesentlich später als sonst bei Niederdruckzylindern erforderlich ist, und die Kompression gerade wegen des hohen, im Zylinder möglichen Vakuums bereits bei 90 v. H. wieder beginnen kann.

Die Zeitdauer der Eröffnung des Auslaßkanales ist dadurch auf rd. $^1/_3$ der sonst erforderlichen verringert.

II. Verschiedene Arten der Zylinder.

Während bisher die für den Bau der Dampfzylinder ortsfester Maschinen allgemein zu beachtenden Gesichtspunkte aufgestellt wurden, soll in den nachfolgenden Abschnitten an Hand der beigefügten Abbildungen deren Berücksichtigung bei den einzelnen Zylinderteilen gezeigt werden. Einige Wiederholungen werden sich dabei nicht ganz vermeiden lassen. Vorausgeschickt seien einige Worte über die Verschiedenheit der einzelnen Bauarten.

Schieberzylinder. Ihre allgemeine Bauart ist für liegende und stehende Maschinen im wesentlichen dieselbe und hängt lediglich von der Art des verwendeten Schiebers ab. Fig. 18 bis 22 zeigt einen liegenden Zylinder mit Flachschieber (abnormale Bauart), Fig. 23 bis 26 einen solchen einer stehenden Maschine mit Kolbenschieber. Letztere verdrängen die Flachschieber, die sich im allgemeinen nur für Drücke unter 8 atm eignen, immer mehr und sind bis zu mäßigen Größen auch für überhitzten Dampf ausführbar. Die früher beliebten Drehschieber sind fast ganz verlassen worden, trotz des großen Vorzuges der raschen Kanaleröffnung und des kleinen schädlichen Raumes. Immerhin werden sie an Mitteldruck- und Niederdruckzylindern nicht zu rasch laufender Maschinen, beispielsweise bei Pumpmaschinen, noch immer mit voller Berechtigung angewendet.

[1]) Bei der Gleichstromdampfmaschine werden die Auslaßöffnungen erst dann durch den Kolben freigelegt, wenn der Arbeitsdampf bereits seine niedrigste Temperatur erreicht hat. Die Erfolge mit dieser Bauart bezüglich Wärmeausnützung sind zum Teil hierauf zurückzuführen.

Fig. 18.

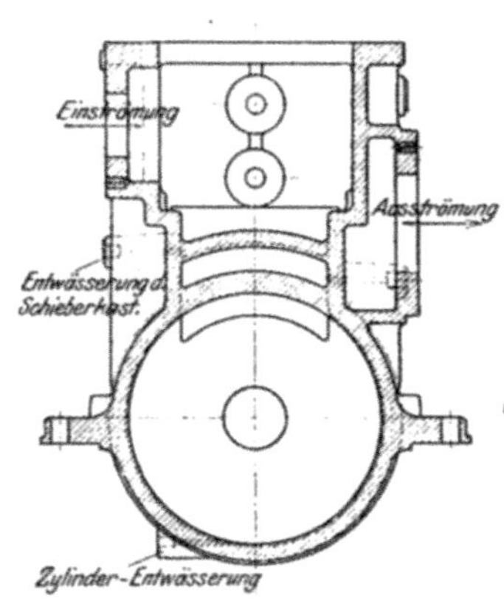

Fig. 19.

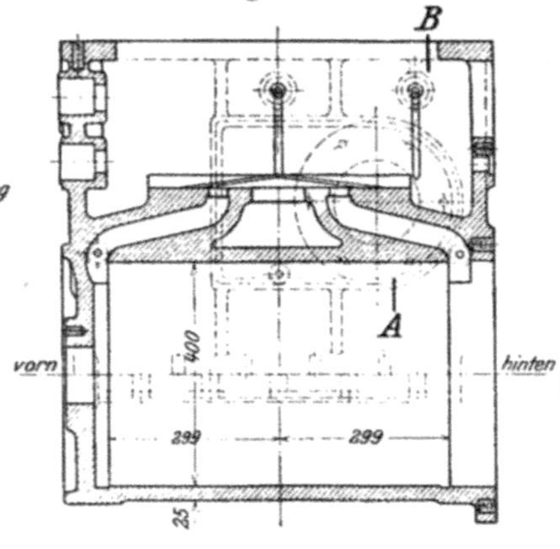

Fig. 20. Schnitt $A-B$.

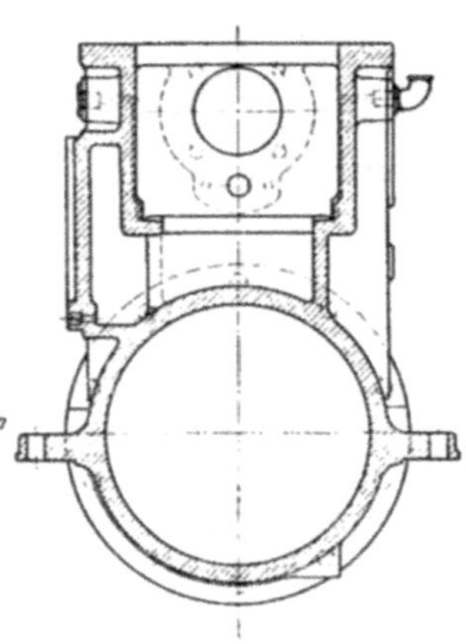

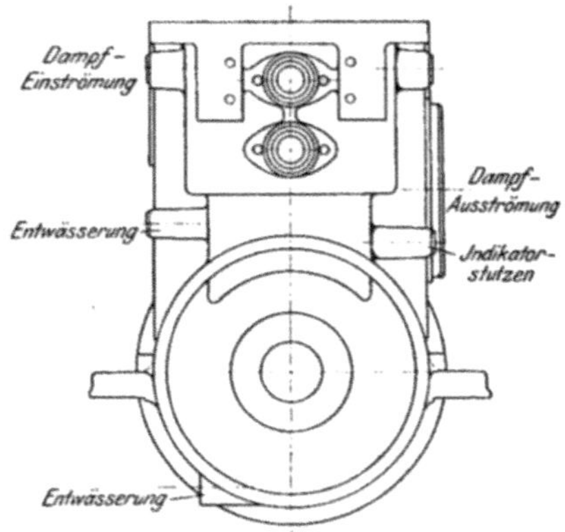

Fig. 21.

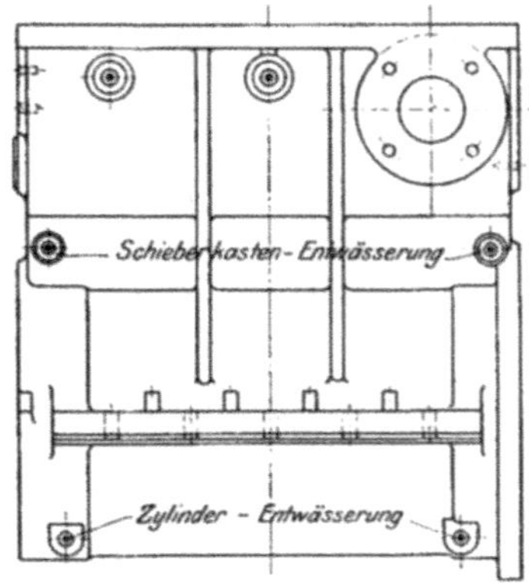

Fig. 22.

Fig. 18 bis 22. Schieberzylinder. (A. Borsig, Berlin-Tegel.)

Fig. 23. Schnitt $A—B$.

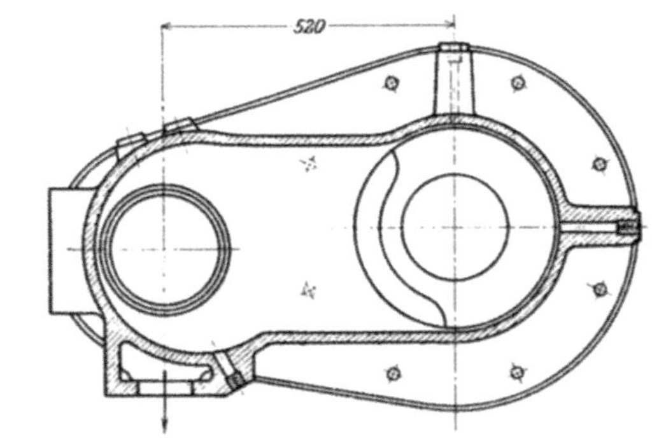

Fig. 24. Schnitt $C—D$.

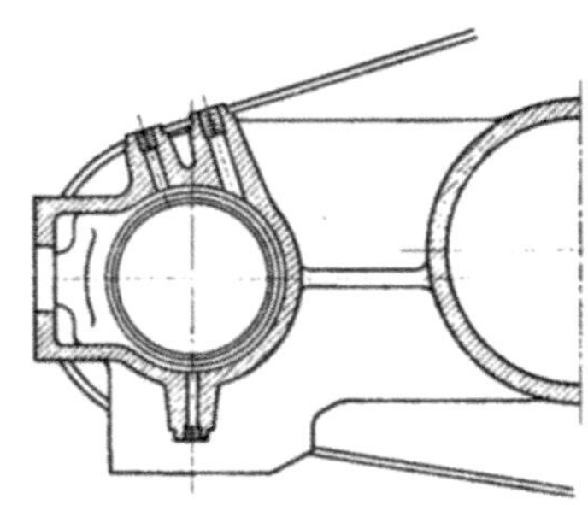

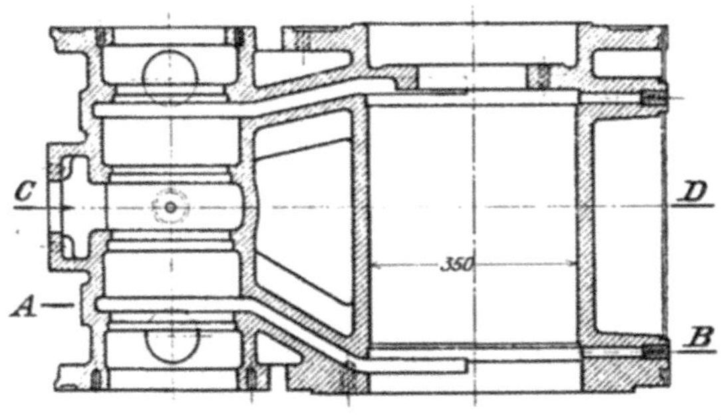

Fig. 25.

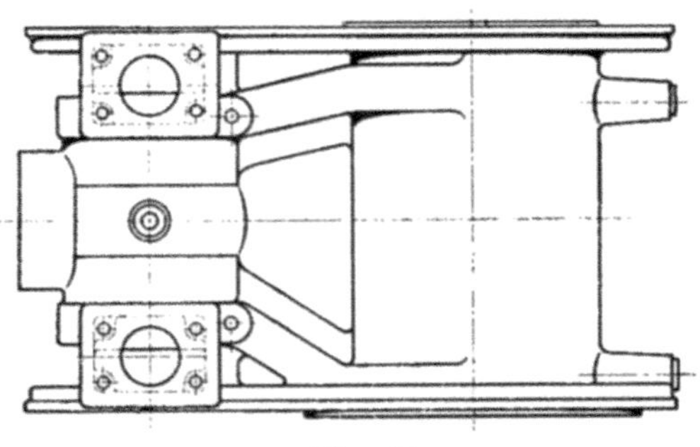

Fig. 26.

Fig. 23 bis 26. Zylinder der Schiebermaschine 340 ÷ 360 ϕ. 300 Hub.
(A. Borsig, Berlin-Tegel.)

Ventilzylinder liegender Maschinen. Die in Fig. 27 bis 30 dargestellte Anordnung mit obenliegenden Einlaßventilen und untenliegenden Auslaßventilen ist die übliche. Bei Fördermaschinen u. dgl. werden häufig die Ventile seitlich vom Zylinder angeordnet. Neuerdings kommen Bauarten mit in den Deckeln eingebauten Ventilen häufiger zur Ausführung, die kleine schädliche Räume ergeben, dafür den

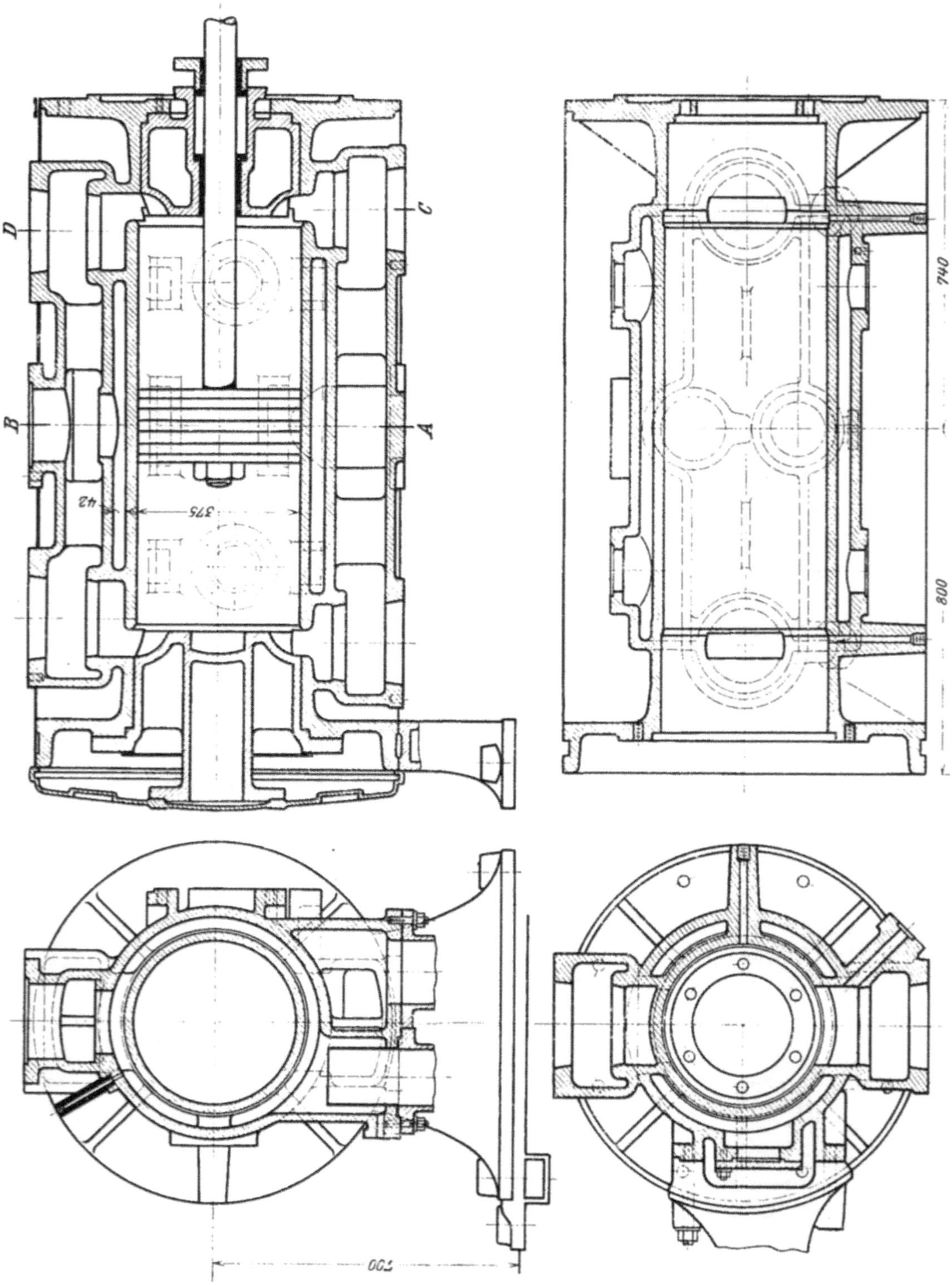

Fig. 27. Fig. 28. Fig. 29. Schnitt *A—B*. Fig. 30. Schnitt *C—D*.

Fig. 27 bis 30. Hochdruckzylinder der liegenden Verbundmaschine $\frac{375}{600} \times 800$. (Schüchtermann & Kremer, Dortmund.)

Fig. 33. Schnitt C—D.

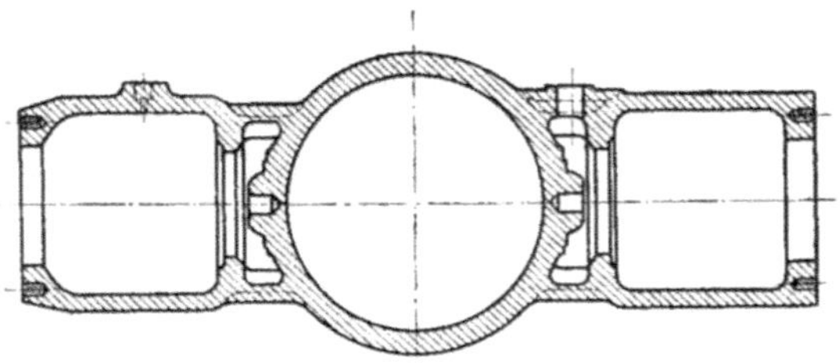

Fig. 32. Schnitt A—B.

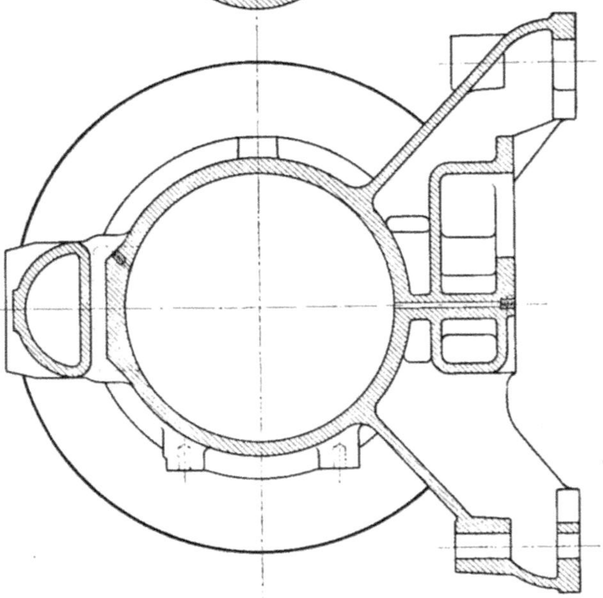

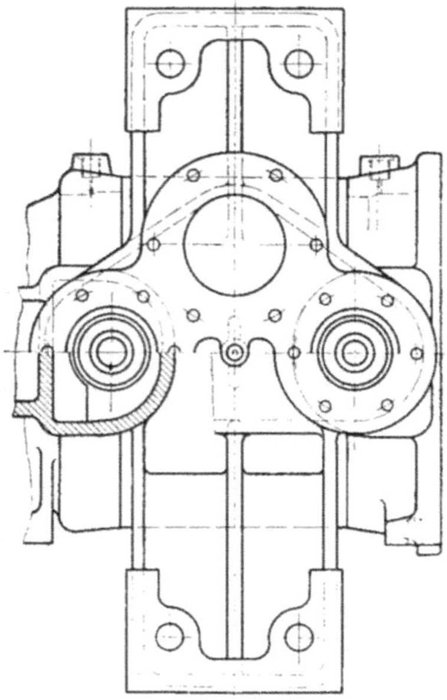

Fig. 34.

Fig. 31.

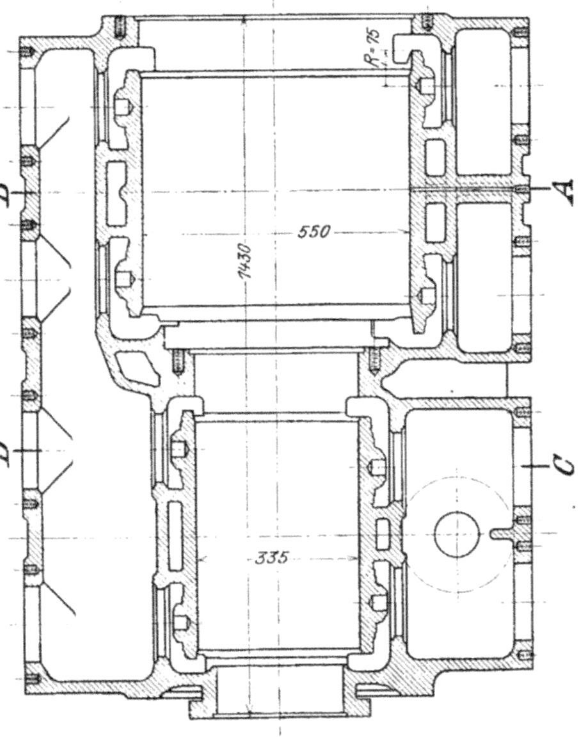

Fig. 31 bis 34. Zylinder einer Lentzmaschine.

(Schweizer Gesellschaft für Lentz-Ventilmaschinen.)

Zylinder weniger leicht zugänglich gestalten. Die Bauart mit unterem Dampfeintritt und oberem Austritt, wie beim Hochdruckzylinder der Fig. 31, kommt nur vereinzelt vor. Sie dient nur dem Zweck, die Dampfführung zwischen den direkt zusammenliegenden Zylindern einfach zu gestalten und ist bei Sattdampf wegen des im Hochdruckzylinder sich bildenden Niederschlagswassers nicht zu empfehlen.

Fig. 35.

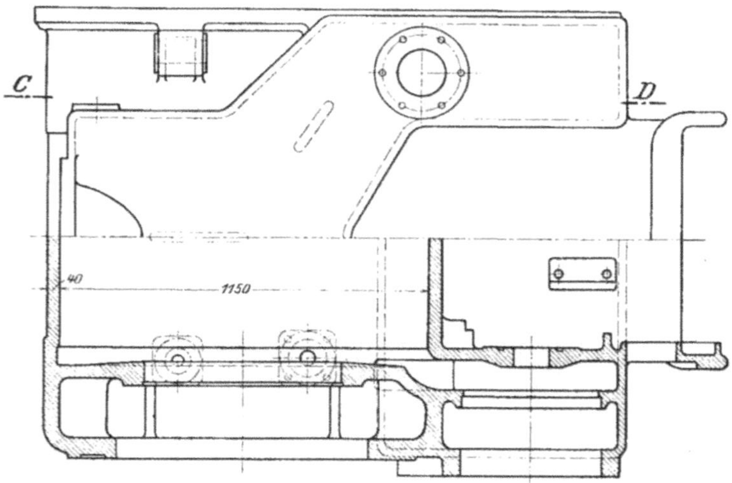

Fig. 36.

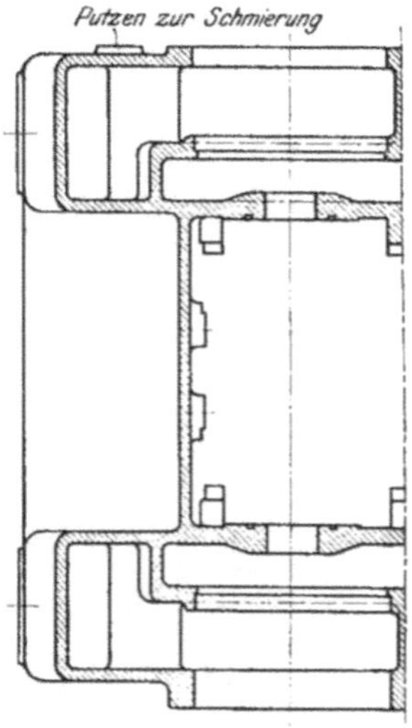

Schnitt A—B
von rechts gesehen.

Schnitt C—D.

Fig. 35 bis 37.
Niederdruckzylinder der stehenden Ventilmaschine, 600 mm Hub.
(M. A.-G. vorm. Ph. Swiderski, Leipzig-Plagwitz.)

Mittelschnitt.

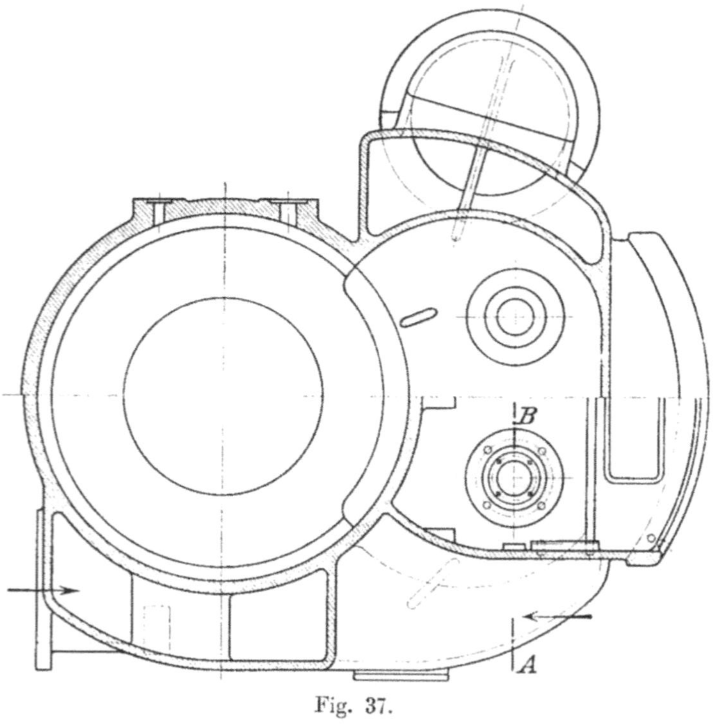

Fig. 37.

Die Bauart der Zylinder **stehender Ventilmaschinen** wird hauptsächlich bestimmt durch die Lage der Ventile, die entweder in den Deckeln oder seitlich angeordnet sind. Die Unterbringung der Ventile im unteren Deckel oder Boden des Zylinders stößt wegen Platzmangels auf Hindernisse und ist eigentlich nur bei schmiedeeisernen Maschinengestellen, wie sie im Schiffsmaschinenbau üblich sind, angebracht. Bei gußeisernen Ständern, besonders mit umlaufendem Verbindungsflansch, sind die Ventile kaum zugänglich und ihr Ausbau sehr schwierig. Man findet daher häufiger eine Bauart, bei der die oberen Ventile im Deckel, die unteren aber in einem seitlichen Anbau des Zylinders liegen. Die Ventile nebst Antrieb sind dann für oben und unten gleich und die Ventilspindeln überall nach oben gerichtet.

Bei Zylindern mit vier seitlich liegenden Ventilen sind entweder ebenfalls alle Ventilspindeln nach oben herausgeführt, oder aber bei den oberen entgegengesetzt den unteren. Wohl die einfachste Anordnung ergibt sich bei der Bauart der Lentzventilmaschinen, deren Steuerung zwischen den oberen und unteren Ventilen liegt (Fig. 35 bis 37). Werden die oberen Ventile von oben, die unteren von unten bewegt, so ist die Anordnung der Steuerung genau wie bei liegenden Maschinen möglich. Die schädlichen Räume werden dabei ein wenig kleiner, da die Ventile näher an den Zylinder gerückt werden können. Dafür sind aber die unteren Ventile nicht so bequem zugänglich, als bei den vorerwähnten Anordnungen. Man hat auch die Spindeln der unteren Ventile nach oben, bis über den Zylinder verlängert, so daß also der ganze Antrieb oben auf dem Zylinder angeordnet ist. Der Nachteil dieser Bauart besteht natürlich in den langen Ventilspindeln, die sich anders erwärmen als der Zylinderkörper und eine genaue Einstellung der Steuerung nur bei betriebswarmer Maschine gestatten. Dafür bietet sie den Vorteil etwas kürzerer Dampfkanäle. Dieser Vorteil ist um so wertvoller, als bei den stehenden Ventilzylindern sehr häufig Ein- und Auslaßventil in einem gemeinsamen Kanal liegen. Der eintretende Dampf strömt also an denselben Wandungen vorbei, die eben noch vom Austrittsdampf bestrichen wurden, die Eintrittsabkühlung wird deshalb größer, entsprechend der größeren Schädlichkeit der Kanalwandungen. Getrennte Ein- und Auslaßkanäle vermindern aber diesen Verlust kaum, da dieselben wesentlich größere schädliche Flächen erfordern.

III. Einzelteile der Zylinder.

Lauffläche und Dampfmantel.

Bei den Zylindern mit Dampfmantel unterscheidet man Zylinder mit eingegossener Lauffläche und Zylinder mit eingesetzter, für sich allein hergestellter Laufbüchse. Mit Rücksicht auf die Herstellung ist es geboten, von einer gewissen Größe der Zylinder an die Laufbahn gesondert herzustellen. Diese Größe richtet sich auch nach der Geschicklichkeit der Gießerei und den Werkstatteinrichtungen. Bei der früher fast allgemein gebräuchlichen Bauart der Zylinder mit eingegossener Büchse erstreckt sich der Heizmantel über die ganze Länge des Zylinders, wobei meist auch noch der Heizraum im vorderen bzw. unteren Zylinderboden direkt mit dem Dampfmantel in Verbindung steht. Die zur Ableitung der Luft aus dem Kern und zur Entfernung des Kernsandes erforderlichen Öffnungen befinden sich in dem hinteren (oberen) Zylinderflansch und werden durch den entsprechend breit ausgebildeten Deckelflansch oder durch Kernverschraubungen geschlossen (vgl. Fig. 104). Die über das Zylinderinnere an beiden Enden weiterlaufenden Teile des Dampfmantels sind dabei zwecklos, ja wegen der Vergrößerung der ausstrahlenden Flächen schädlich. Man kam deshalb auf die aus Fig. 28 und Fig. 40 und 41 ersichtliche Anordnung, wobei der Dampfmantel sich nur über den Kolbenlauf erstreckt. Zur Entfernung des Kernes sind seitlich größere Öffnungen angebracht, die durch Blindflansche geschlossen werden. Eine ähnliche Form zeigt Fig. 43, die noch den Vorteil bietet, daß Spannungen infolge ungleicher Wärmedehnungen durch die bauchige Form der äußeren Wandung vermindert werden. Fig. 47 bis 50 zeigt einen Niederdruckzylinder dieser Bauart, bei dem der Aufnehmerdampf den Zylinder umspült.

Fig. 38.

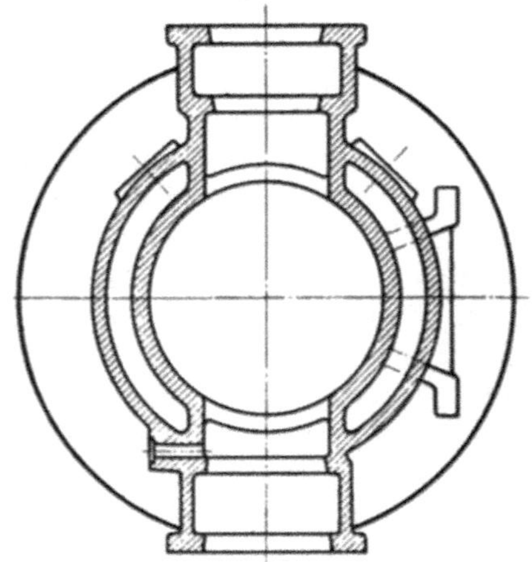

Fig. 39.

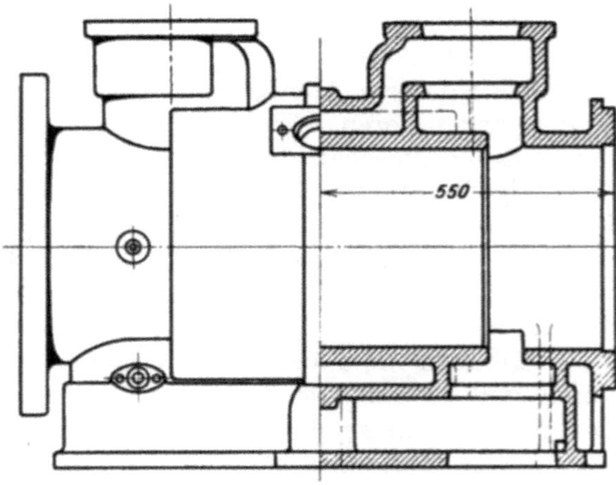

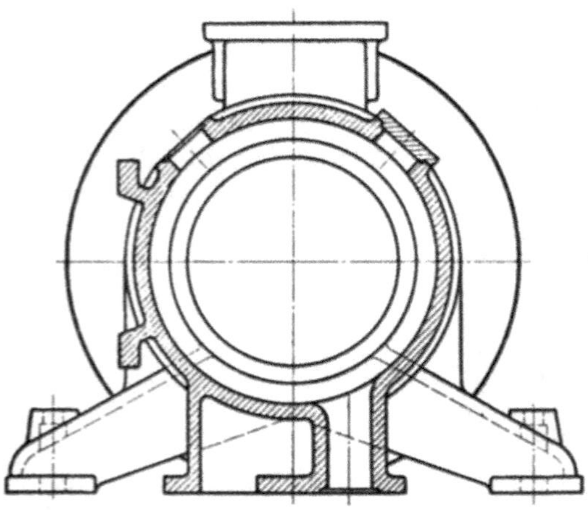

Fig. 40.

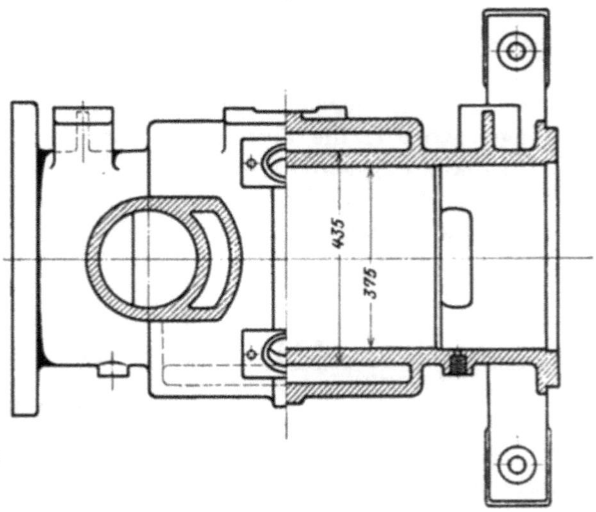

Fig. 41.

Fig. 38 bis 41. Ventilzylinder 375 ϕ. 550 Hub. (Maschinenfabrik Grevenbroich.)

Beispiele von Zylindern mit eingesetzter Laufbüchse geben die Fig. 51 bis 59. Das Hauptaugenmerk ist hier darauf zu richten, daß die Büchse sich nicht im Betriebe lockern kann. Da der äußere Zylinder infolge der Heizung höhere Temperaturen annimmt als die Büchse, ist die Gefahr vorhanden, daß letztere, auch wenn sie im kalten Zustand stramm im Zylinder sitzt, sich während des Betriebes soweit löst, daß Undichtheiten auftreten, oder daß sie durch die Kolbenreibung, sowie besonders auch durch den auf die Stirnseiten der Büchse abwechselnd wirkenden Dampfüberdruck, eine weitergehende Lockerung und Verschiebung erfährt. Die Büchse wird deshalb mit starkem Druck, hydraulisch oder mittels Schrauben in den Zylinder eingezogen. Häufig wird der Zylinder vorher erwärmt und die Büchse durch die Schrumpfung des Zylinders gehalten. Außerdem werden aber noch besondere Sicherungen angewendet. Fig. 46, 56 und 60 zeigen eine der am häufigsten verwendeten Sicherungen durch eingestemmte Kupferringe, die sich bei Zylindern mit einem eingegossenem Boden meist nur an einem

Fig. 44. Schnitt *C—D*.

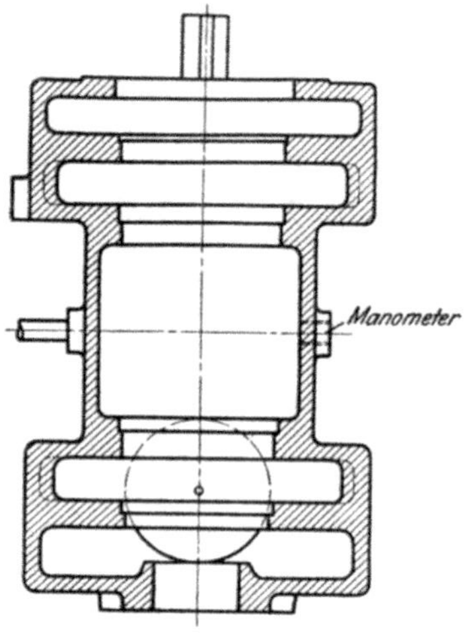

Fig. 42.

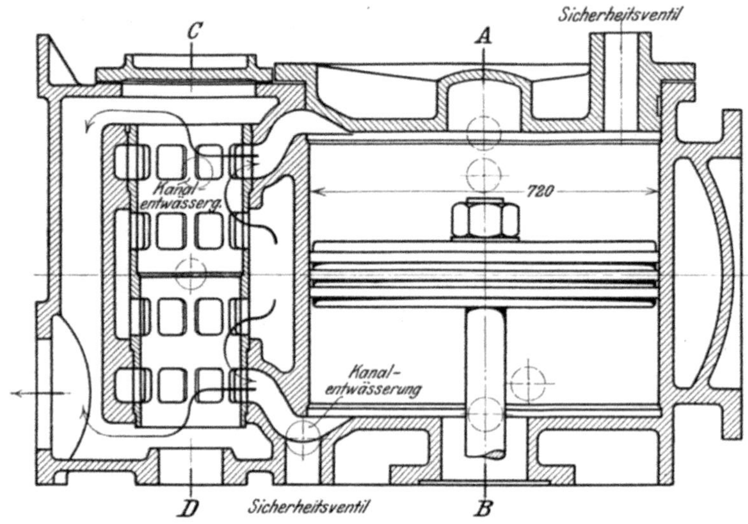

Fig. 43. Schnitt *A—B*.

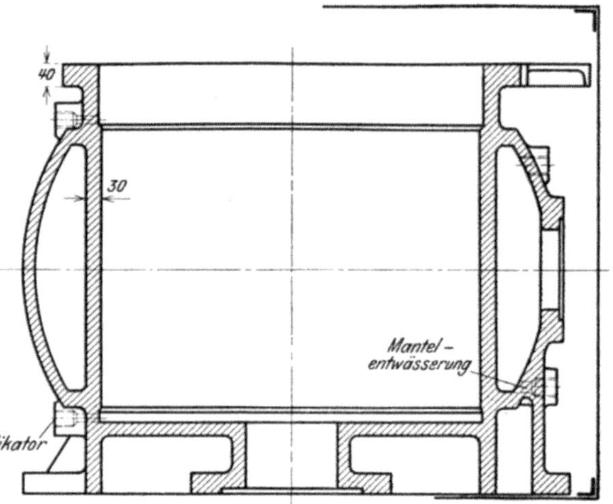

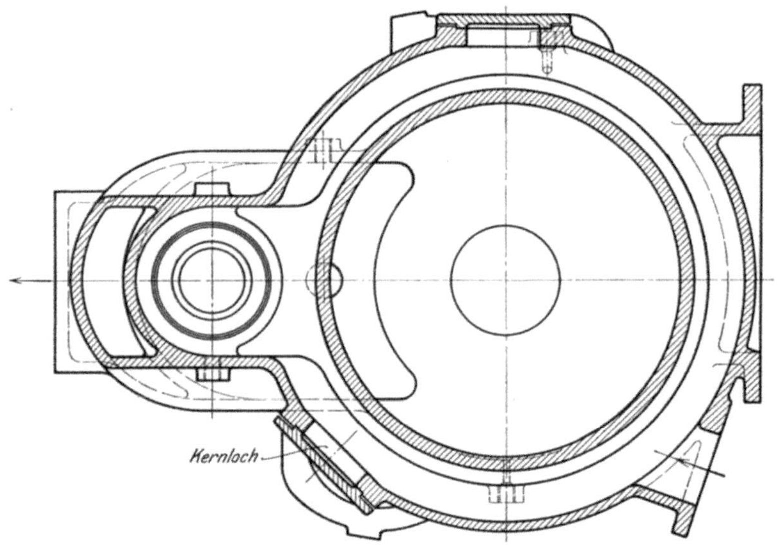

Fig. 45.

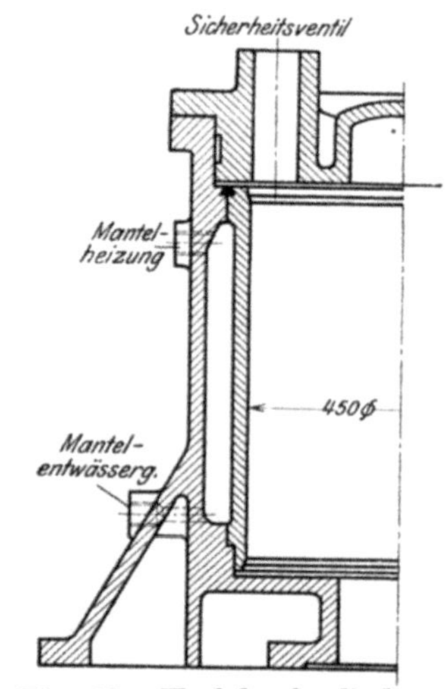

Fig. 46. Hochdruckzylinder.
(Zu Fig. 42 bis 45.)

Fig. 42 bis 45. Niederdruckzylinder der stehenden Verbundmaschine $\frac{450}{720} \times 440$; $n = 150$. **(K. & Th. Möller, Brackwede.)**

Ende der Büchse anwenden lassen. Will man beide Enden auf diese Weise sichern, so läßt sich dies bei angegossenem Boden nur auf etwas umständliche Weise erreichen. Ein Beispiel bietet Fig. 62 (Z. Ver. deutsch. Ing. 1902, Taf. 43). Der zum Einbringen und Verstemmen der unteren Kupferringe erforderliche Spielraum wird nachträglich mit mehrteiligen Ringstücken ausgefüllt.

Die Kupferdichtung darf keine zu große Stärke erhalten — 5 bis 6 mm genügen bereits — da sonst bei höheren Temperaturen infolge der größeren Wärmeausdehnungsziffer des Kupfers starke Spannungen in der Zylinderwand auftreten.

Fig. 47. Fig. 48.

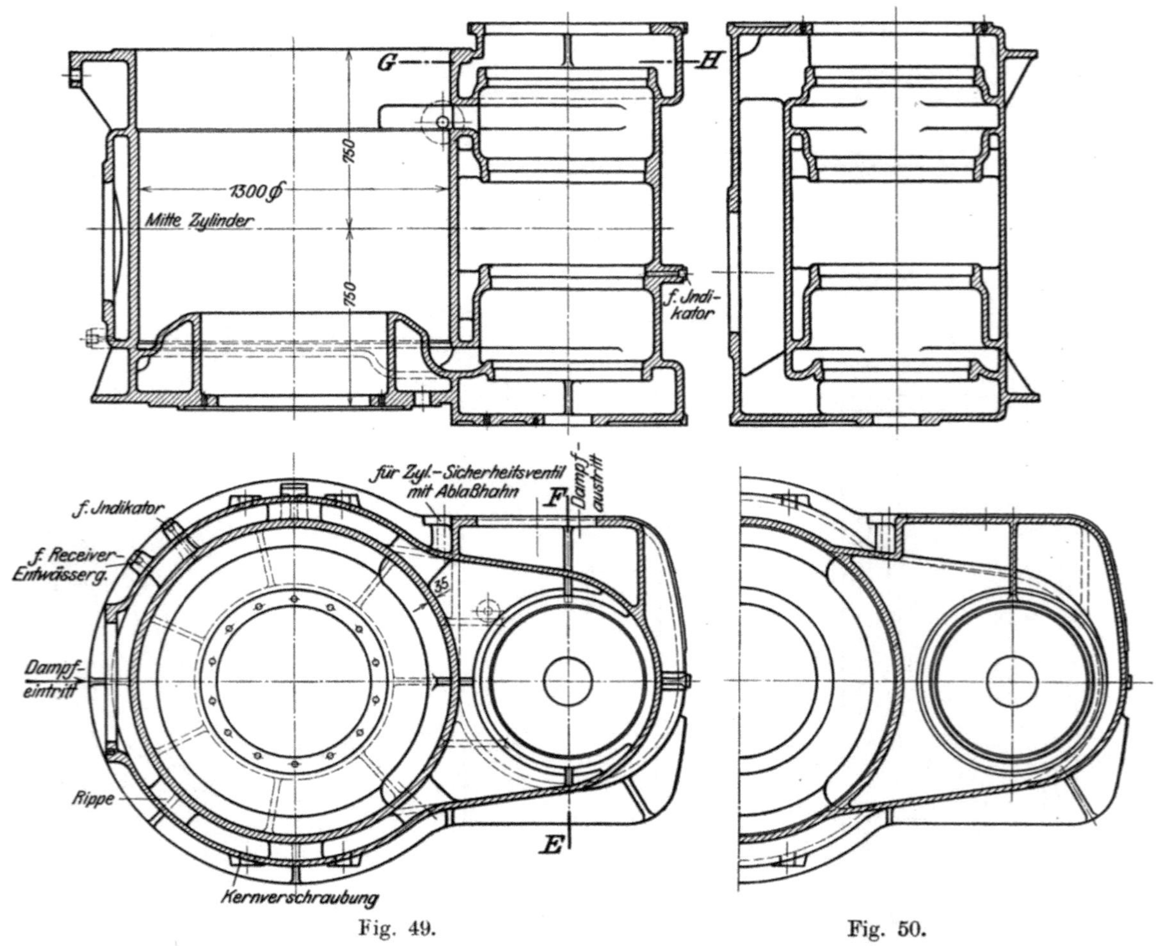

Fig. 49. Fig. 50.

Fig. 47 bis 50. Niederdruckzylinder der stehenden Verbundmaschine 1300 ϕ. 750 Hub. (A. Borsig, Berlin-Tegel.)

Eine weniger bekannte Art zur Befestigung der Büchse gibt Fig. 63 wieder, die ohne weiteres verständlich ist.

Die bei Schiffsmaschinenzylindern äußerst beliebte Befestigung der Einsatzbüchse durch einen mit dem Zylinderboden verschraubten Innenflansch hat sich bei Landdampfmaschinen nur vereinzelt Freunde erworben.

Fig. 54 ist noch durch die Form der Berührungsfläche zwischen Zylinder und Büchse bemerkenswert. Während in den meisten Fällen (vgl. z. B. Fig. 51) die beiden Enden der Laufbüchse den Zylinder in Ringflächen berühren, folgt bei

Fig. 54 die Berührungsfläche der Form der Ventilgehäuse. Der Abstand der Ventile von der Laufbüchse kann dann geringer gehalten werden, man erhält kleinere schädliche Räume und kürzere Dampfwege. Hingegen sind der Zylinder und die Büchse auf größere Länge zu drehen, auch dürfte die Wärmedehnung etwas ungleichmäßiger sein, als bei der üblichen Bauart.

Fig. 51.

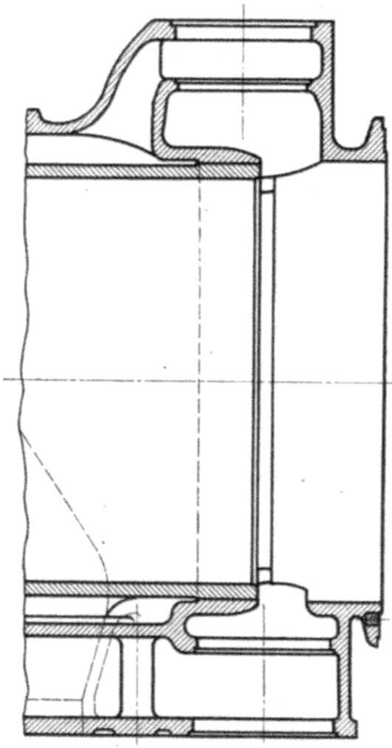

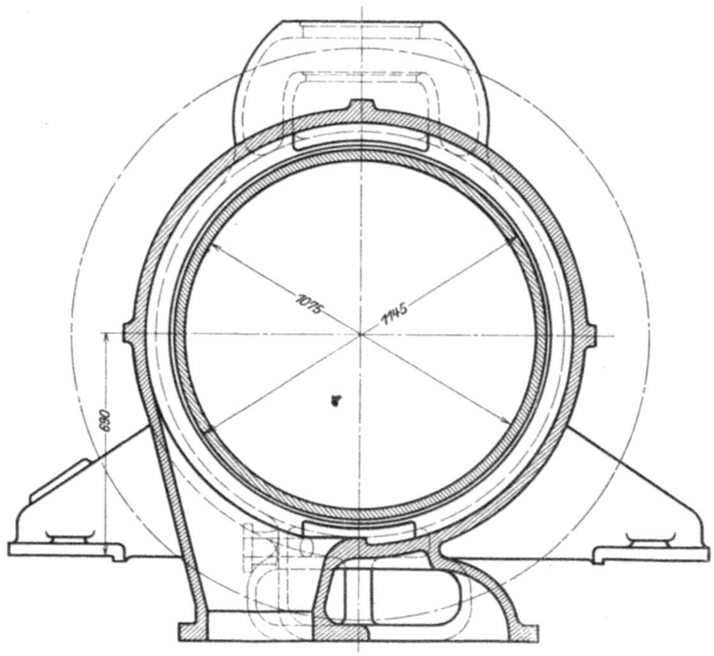

Fig. 52.

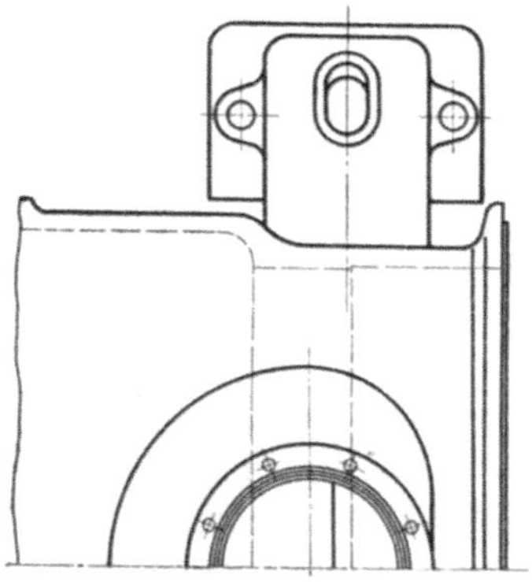

Fig. 53.

Fig. 51 bis 53. Niederdruckzylinder.
1075 ϕ. 1050 Hub.
(Pokorny & Wittekind, Bockenheim bei Frankfurt a. M.)

Bei den Zylindern ohne Dampfmantel sind zu unterscheiden Zylinder mit angegossenen Ventil- oder Schiebergehäusen und Zylinder, bei denen der eigentliche Laufzylinder als besonderes Stück hergestellt wird.

Beispiele der ersten Art zeigen zunächst Fig. 19, 35 und 64 bis 66. Hier sind außer den Schieber- oder Ventilkasten auch die erforderlichen Kanäle an den eigentlichen Zylinder angegossen, wodurch die Verwendung dieser Zylinder für Sattdampf oder wenig überhitzten Dampf beschränkt bleibt. Fig. 64 zeigt schon das Bestreben, die Kanäle vom Zylinder möglichst loszulösen oder doch so zu führen, daß einseitige, ein Verziehen des Zylinders begünstigende Wärmedehnungen möglichst vermieden werden. Einen weiteren Schritt in dieser Richtung stellen die in Fig. 67 bis 74 wiedergegebenen Formen dar. Hier sind nur noch die Gehäuse für die Ein- und Auslaßventile mit kurzen Stutzen angegossen, an die direkt die Frischdampf- oder Abdampfleitungen angeschlossen werden. Die Lauffläche des Zylinders ist damit den Einwirkungen der verschiedenen Temperaturen fast gänzlich entzogen.

Ein weiterer Schritt führte dazu, den Laufzylinder ganz für sich herzustellen, wie Fig. 75 bis 82 zeigen, und die Ventile in kurzen zylindrischen Ringstücken oder in den Deckeln der Maschine unterzubringen. Damit erhält man auch wieder die Möglichkeit, die Lauffläche aus einem speziell dafür geeigneten Gußeisen herzustellen.

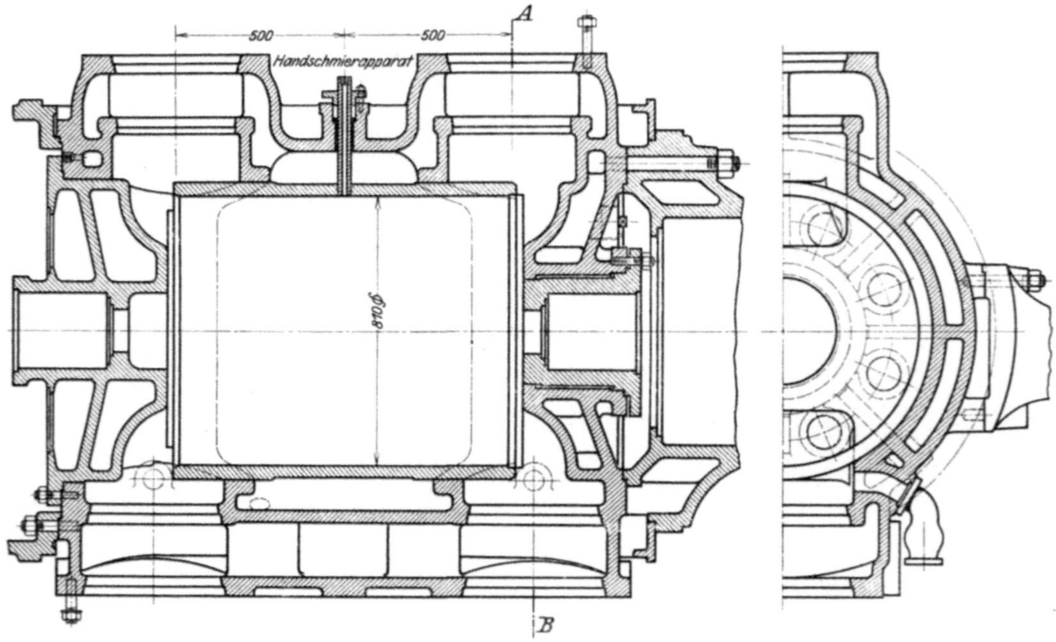

Fig. 54. Fig. 55.

Fig. 54 und 55. Niederdruckzylinder der liegenden Tandem-Maschine $\frac{470}{810} \times 850$.

(Haniel & Lueg, Düsseldorf.)

Über die Form der Lauffläche selbst ist noch zu sagen, daß die Länge meist so bemessen wird, daß die Kolbenringe an beiden Enden ca. 1 mm überlaufen, um eine Gratbildung zu vermeiden. Der nach hinten (oben) anschließende Teil wird entweder auf etwa 20 mm Länge schwach konisch ausgeführt, um das Einbringen der federnden Kolbenringe zu erleichtern, oder er wird nur zylindrisch so viel weiter ausgebohrt, daß ein über die Kolbenringe gelegter und diese zusammenhaltender schwacher Blechring eben noch Platz findet. Beim Einstecken des Kolbens wird dieser Ring an der Kante der Lauffläche abgestreift (s. Fig. 61).

Schieberkasten, Ventilgehäuse und Dampfkanäle.

Die für die Anordnung der Schieberkasten und Ventilgehäuse maßgebenden Gesichtspunkte ergeben sich aus dem im ersten Teil Gesagten wie folgt:

1. Berücksichtigung der verschiedenen Wärmedehnungen.
2. Kleine schädliche Räume bei gleichzeitiger tunlicher Beschränkung ihrer Abkühlungsflächen.

Fig. 56. Schnitt *ABE* u. *CDE*.

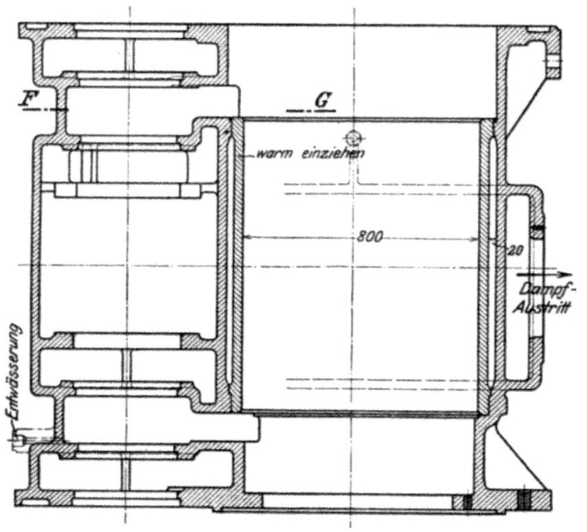

Fig. 57. Schnitt *F*--*G*.

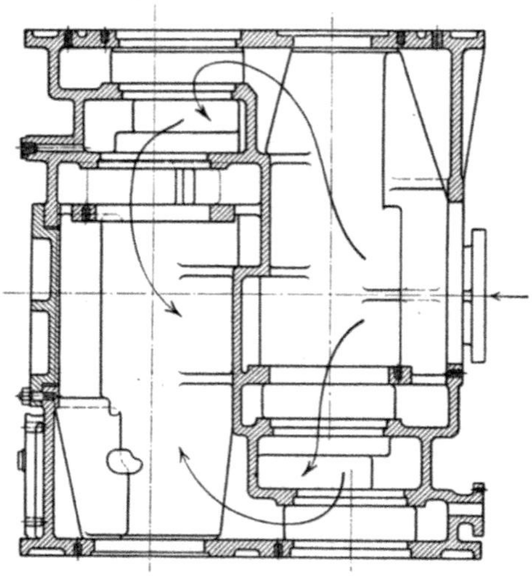

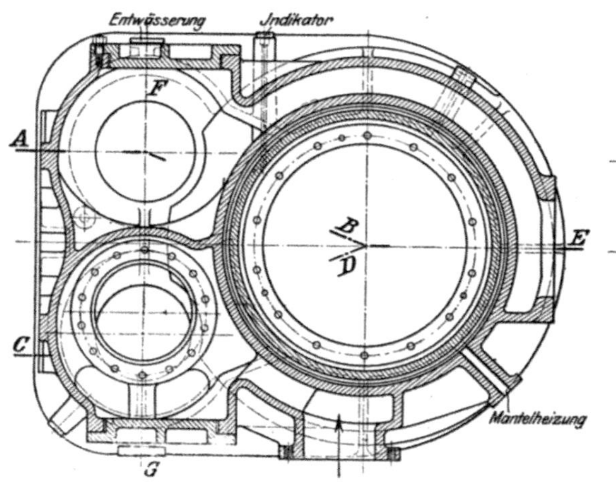

Fig. 58. Mittelschnitt.

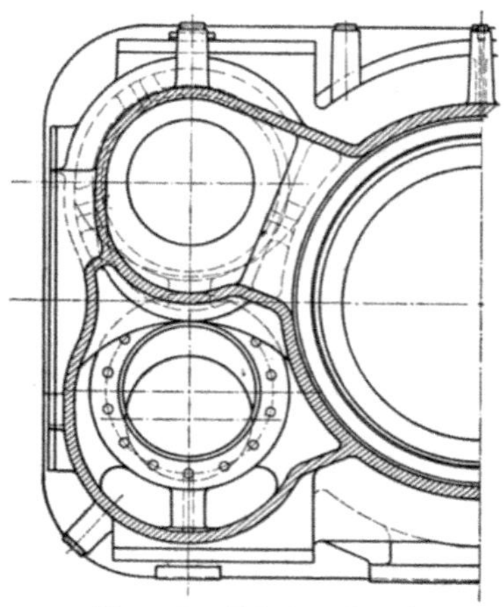

Fig. 59. Schnitt *F*—*G*.

Fig. 56 bis 59. Hochdruckzylinder der stehenden Ventilmaschine 750, Hub.
(A. Borsig, Berlin-Tegel.)

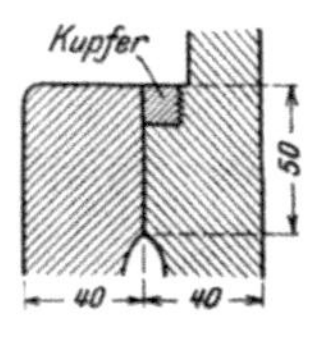

Fig. 60.

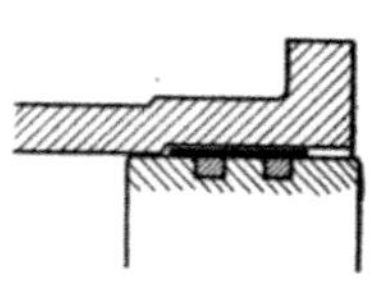

Fig. 61.

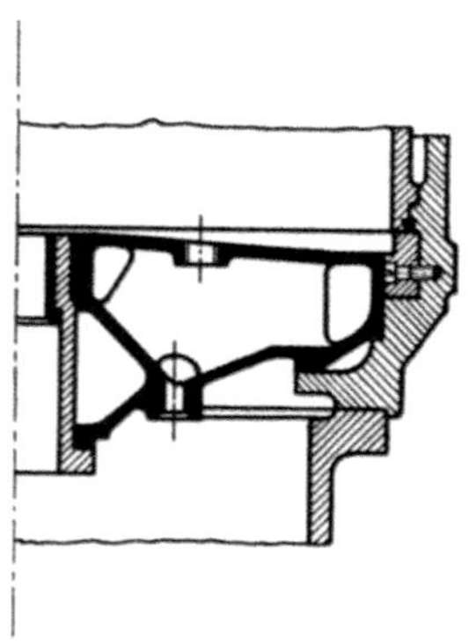

Fig. 62.

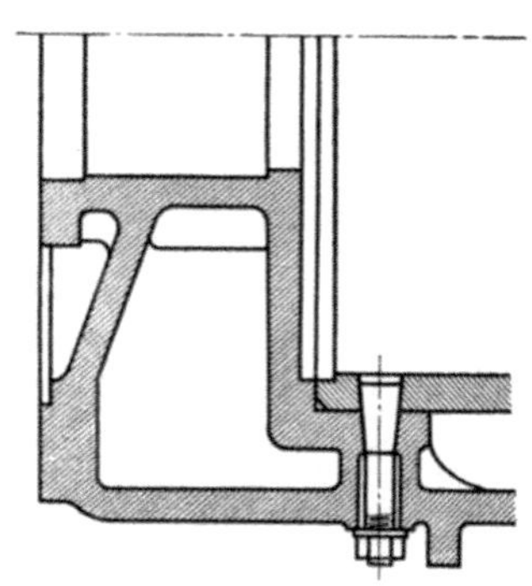

Fig. 63. Verbindung von Laufbüchse und Mantel.
(Haniel & Lueg, Düsseldorf.)

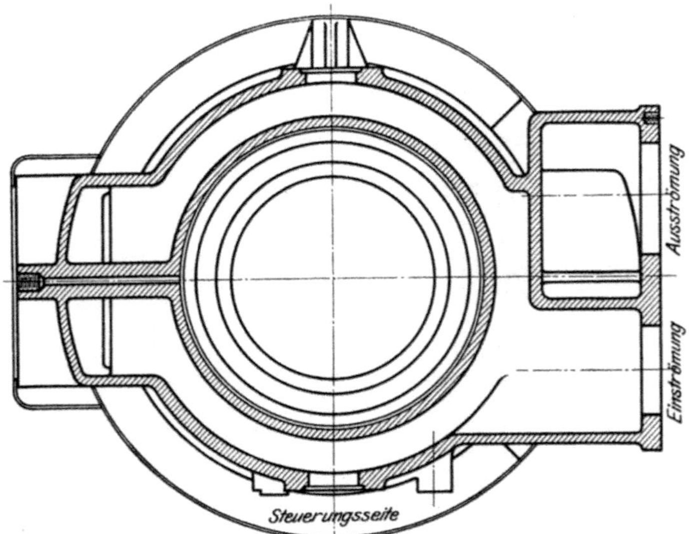

Fig. 65.
Schnitt $A-B$.

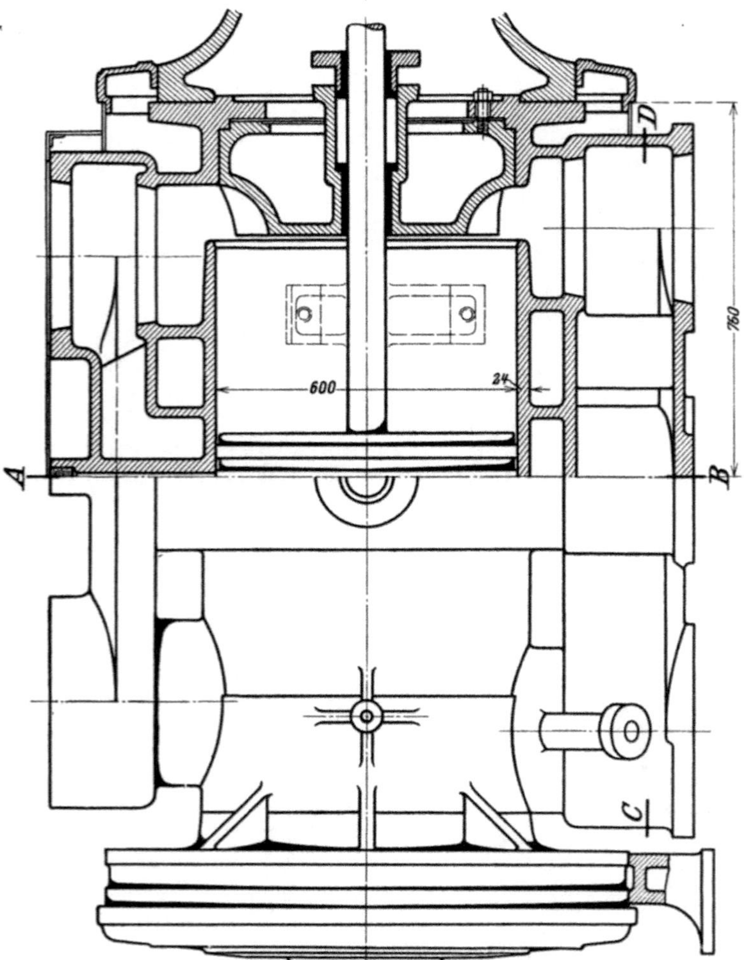

Fig. 64.

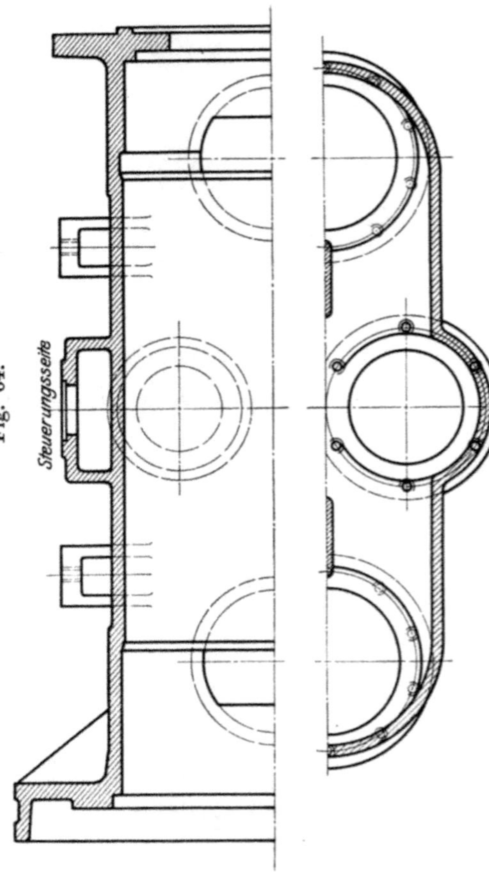

Fig. 66. Schnitt $C-D$.

Fig. 64 bis 66. Niederdruckzylinder der Verbundmaschine $\frac{375}{600} \times 800$.
(Schüchtermann & Kremer, Dortmund.)

Fig. 67.

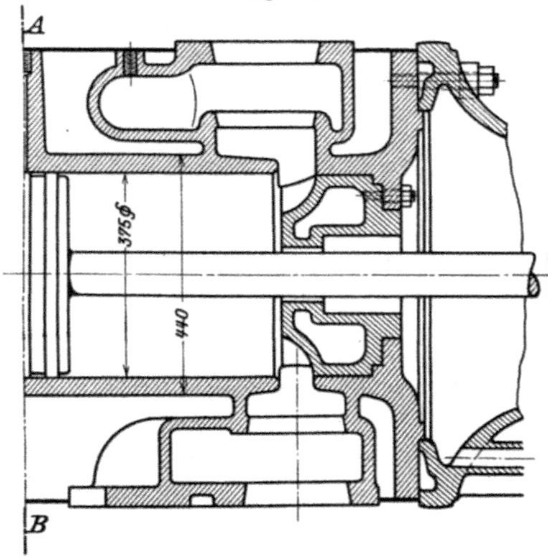

Fig. 68.

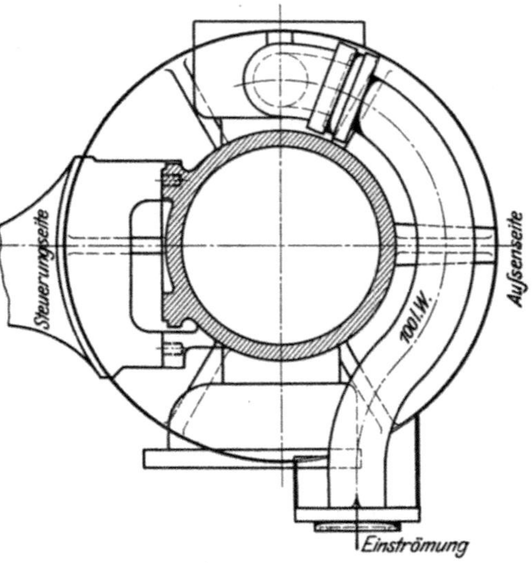

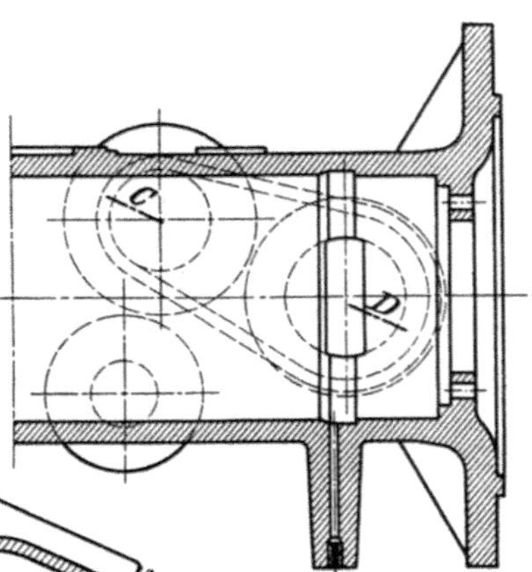

Fig. 69.

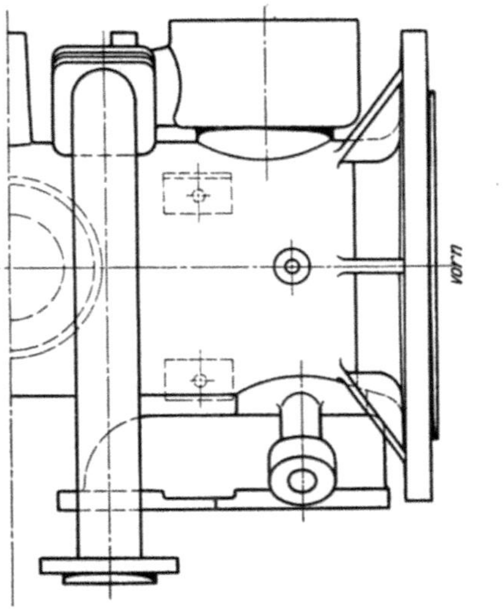

Fig. 70.

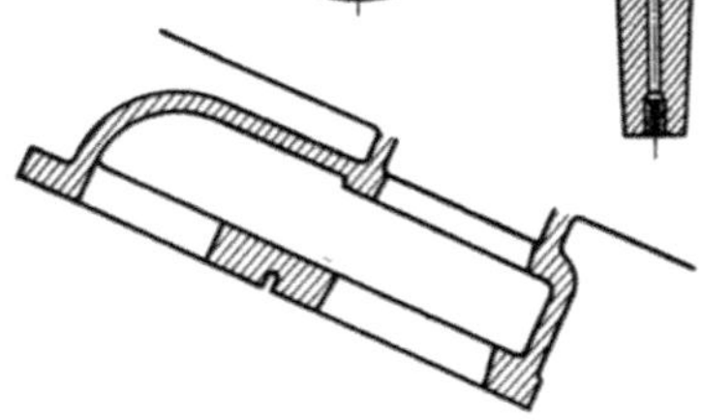

Fig. 71. Schnitt $C-D$.

Fig. 67 bis 71. Hochdruckzylinder der liegenden Verbundmaschine $\frac{375}{600} \times 800$.

(Schüchtermann & Kremer, Dortmund.)

3. Trennung der Kanäle mit verschiedenen Dampftemperaturen.
4. Kürzeste Dampfwege von möglichst gleichbleibendem Querschnitt und Vermeidung plötzlicher Richtungsänderungen des Dampfstromes.

Einen Zylinder mit Flachschiebersteuerung zeigt Fig. 18 bis 22. Die über den Schieberkasten geführten Verstärkungsrippen schließen direkt an den Zylinder an. Dies ist nur bei kleineren Zylindern zulässig. Bei größeren Zylindern wären Verzerrungen der Lauffläche zu befürchten. Die Dampfkanäle sind durch Zylinderflächen begrenzt, was einen kurzen Abstand zwischen Schieberspiegel und Zylindermittel ergibt. Bei rechteckigem Querschnitte der Kanäle wären Materialanhäufungen zwischen Kanal- und Zylinderwand kaum zu vermeiden gewesen. Für die Lage der Dampfausströmung waren besondere örtliche Verhältnisse bestimmend;

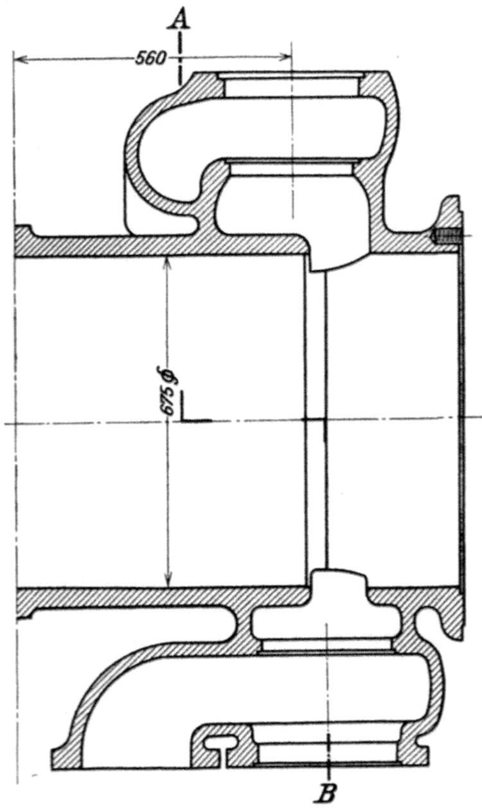

Fig. 72.

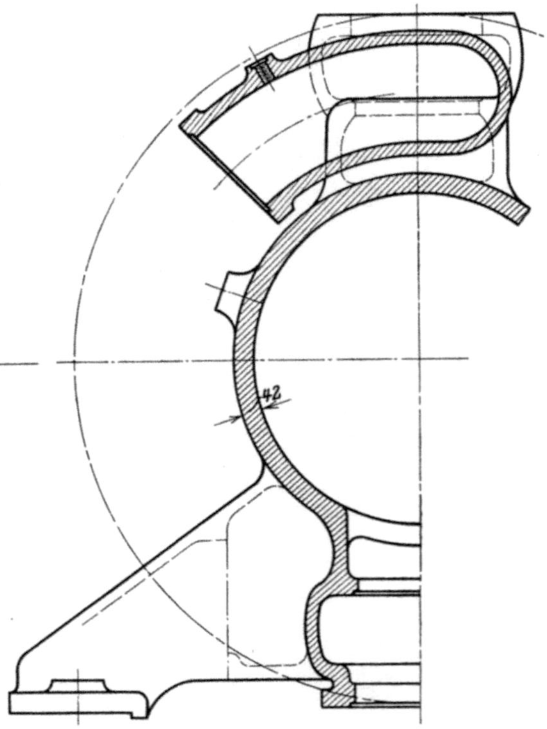

Fig. 73. Schnitt $A-B$.

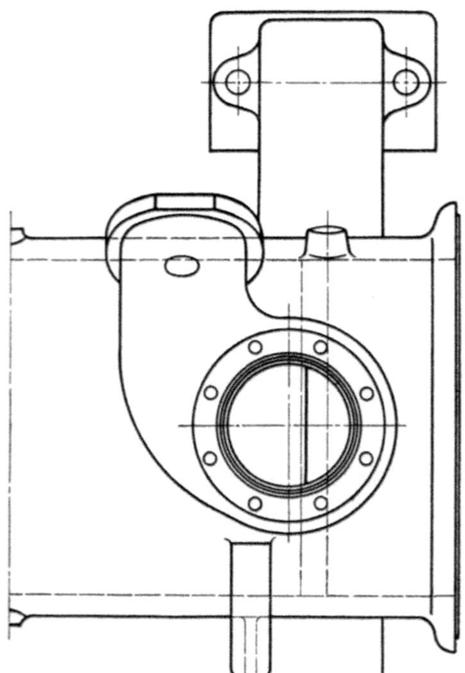

Fig. 74.

Fig. 72 bis 74. Hochdruckzylinder.

675 ϕ. 1050 Hub.

(Pokorny & Wittekind, Bockenheim bei Frankfurt a. M.)

denn es hätte sich sonst leicht vermeiden lassen, daß der Austrittskanal sich über einen Teil des Schieberkastens erstreckt und die Trennungswand einerseits vom Frischdampf, andererseits vom Abdampf bespült wird.

Fig. 83 bis 87 zeigt den Zylinder einer liegenden Kolbenschiebermaschine. Der Schieberkasten ist mit dem Zylinder nur durch die Kanalwandungen und eine längs

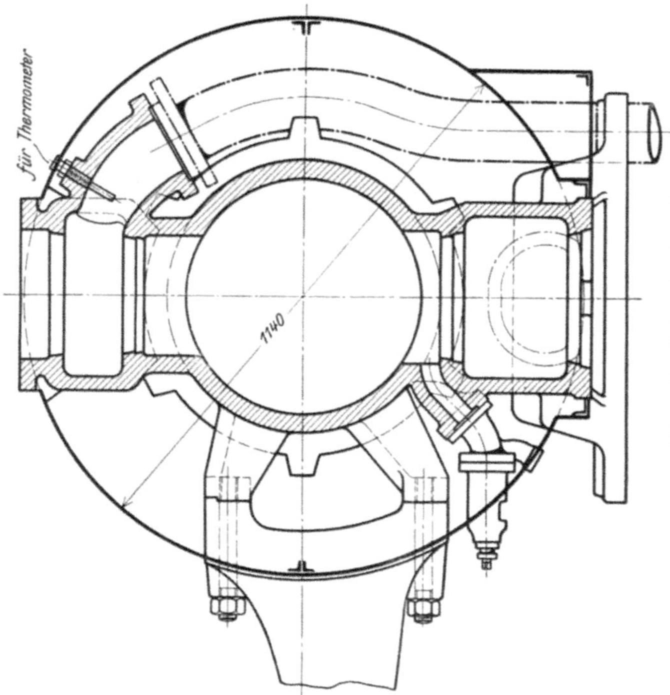

Fig. 76. Schnitt A—B.

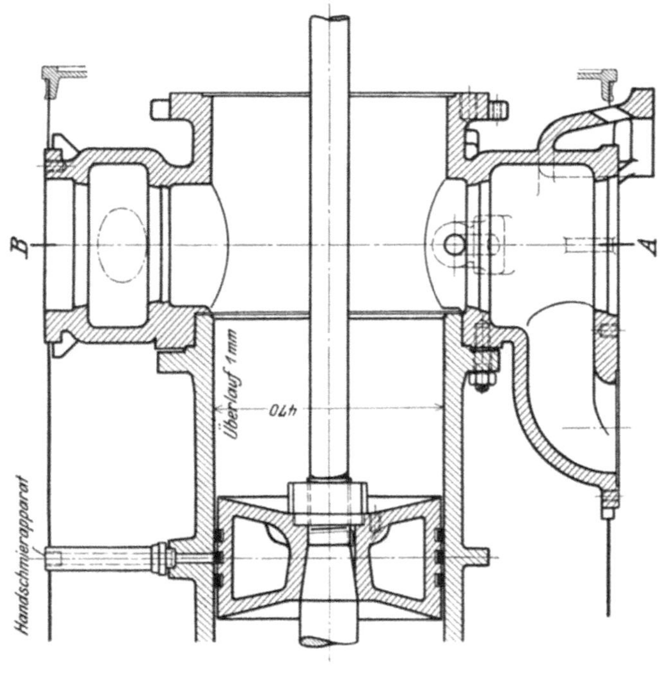

Fig. 75.

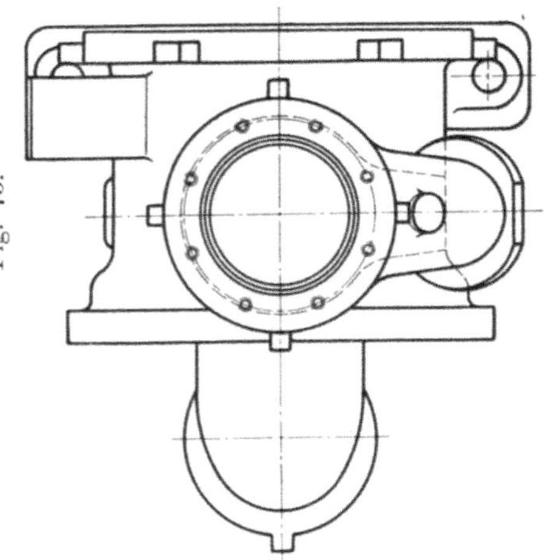

Fig. 77.

Fig. 75 bis 77. Hochdruckzylinder der liegenden Einkurbel-Verbund-Maschine $\frac{470}{810} \times 850$; $n = 125$. (Haniel & Lueg, Düsseldorf.)

und eine quer verlaufende Rippe verbunden. Gegenseitige Wärmeübertragung ist daher nur in beschränktem Maße möglich. Dadurch, daß der Dampfeintritt an den beiden Stirnseiten des Schiebers, der Dampfaustritt aber in der Mitte erfolgt, sind zudem die Temperaturen des Schieberzylinders ungefähr die gleichen wie die des Arbeitszylinders.

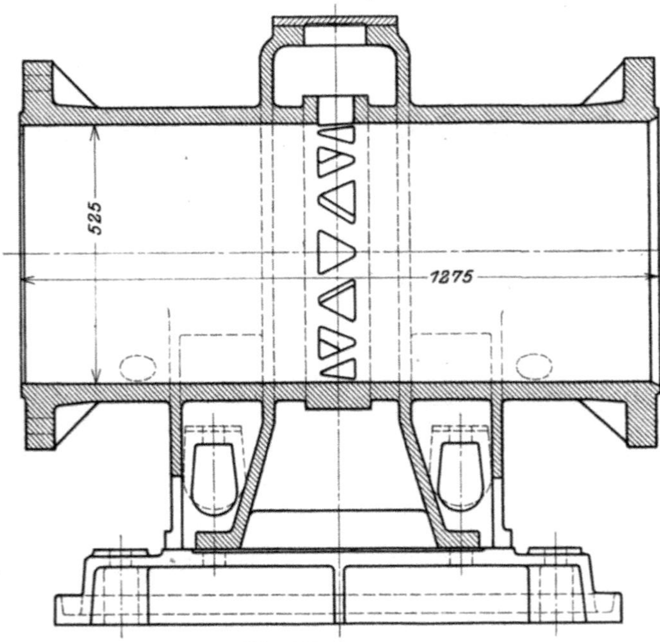

Fig. 78.

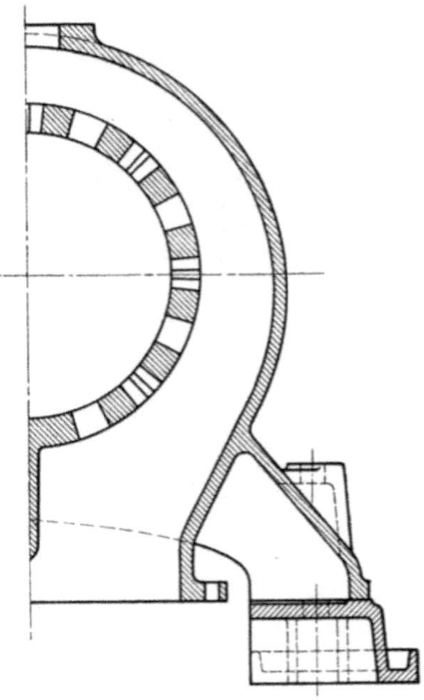

Fig. 79.

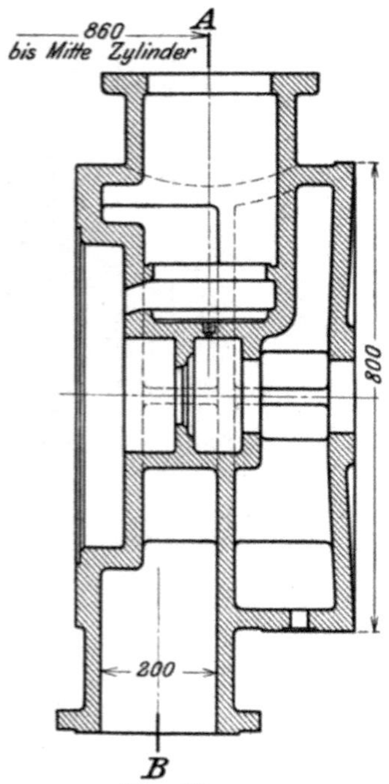

Fig. 80.

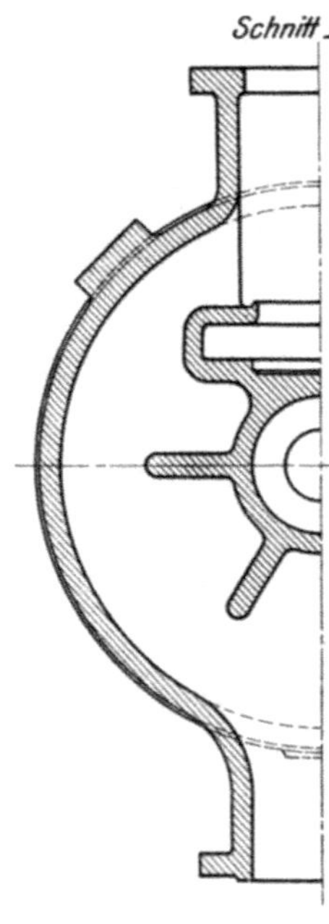

Fig. 81.

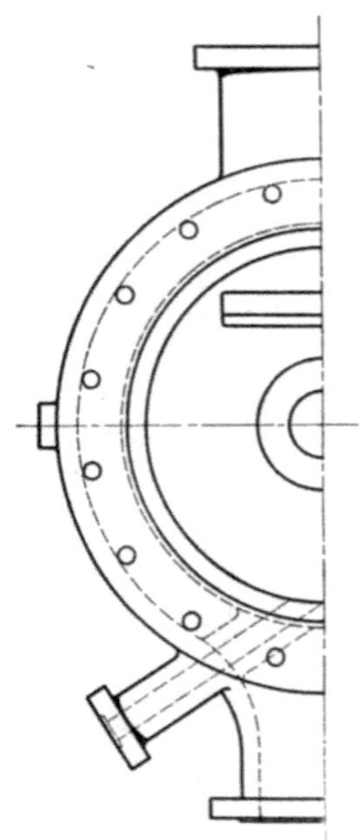

Fig. 82.

Fig. 78 bis 82. Zylinder einer Gleichstromdampfmaschine. (Bauart Prof. Stumpf.) (Maschinenfabrik Grevenbroich.)

Bei dem Zylinder Fig. 25 erfolgt der Dampfeintritt in der Mitte. Die Kanäle brauchen deshalb nicht so sehr nach innen zusammengezogen zu werden und der Schieberzylinder ist in noch weitergehendem Maße vom Arbeitszylinder abgelöst.

Im Gegensatz hierzu ist bei dem Zylinder Fig. 88 der Dampfeintrittsraum bis an den Zylinder herangeführt. Außerdem sind die Dampfaustrittskanäle über

Fig. 83. Schnitt A—B.

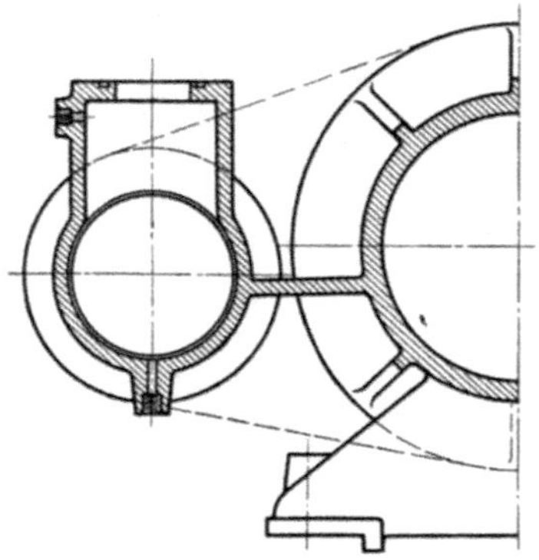

Fig. 84.

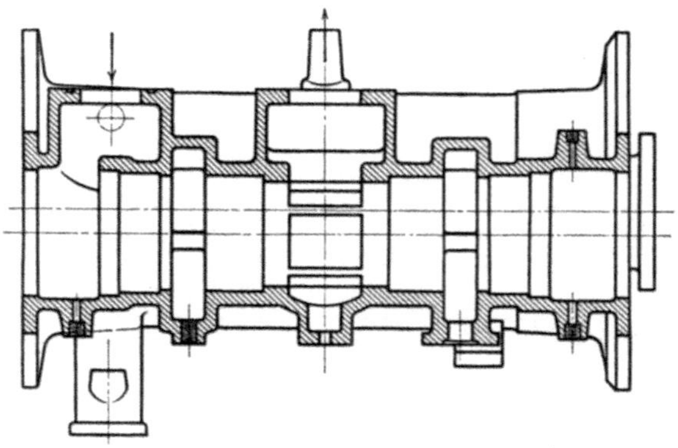

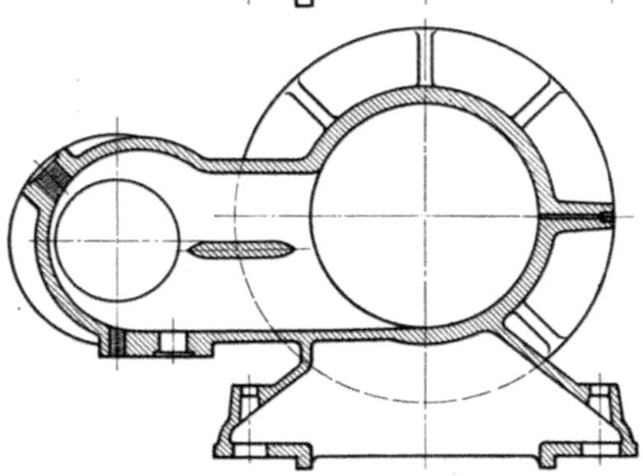

Fig. 85. Schnitt C—D.

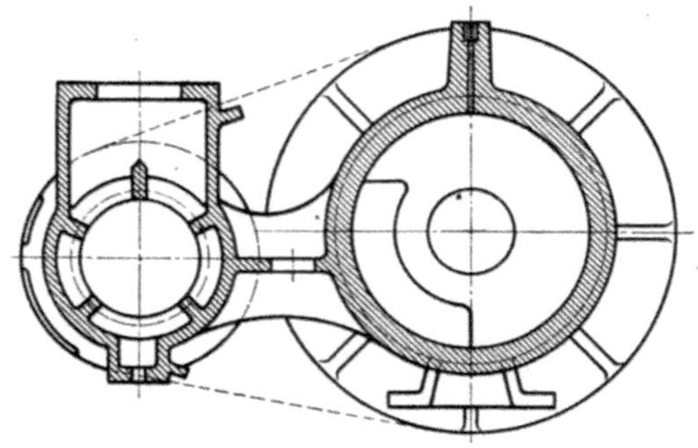

Fig. 86. Schnitt E—F.

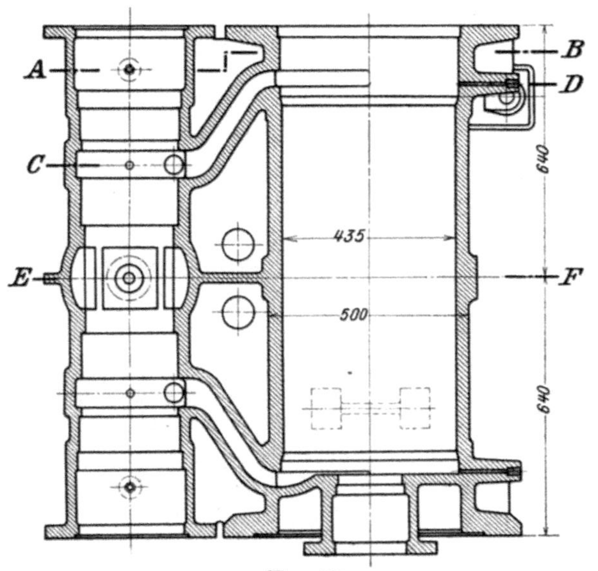

Fig. 87.

Fig. 83 bis 87. Zylinder der liegenden Kolbenschiebermaschine

435 ϕ. 800 Hub.

(Maschinenfabrik Grevenbroich.)

dem heißen Mittelteil zusammengeführt und ermöglichen den Übergang der Wärme aus dem Frischdampf in den Aufnehmerdampf durch eine ziemlich ausgedehnte Fläche.

Fig. 88. Schnitt A—B.

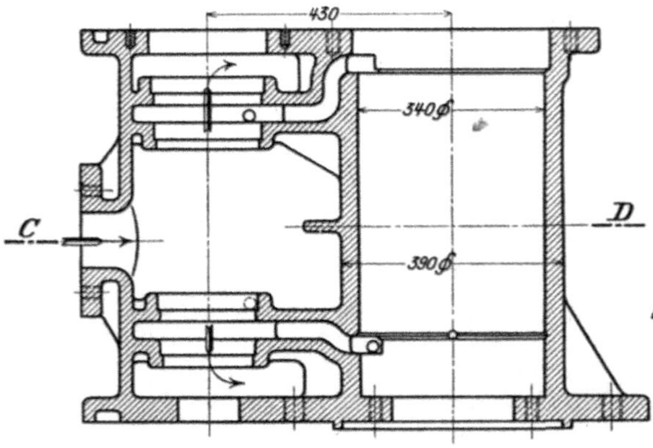

Fig. 89. Schnitt E—F.

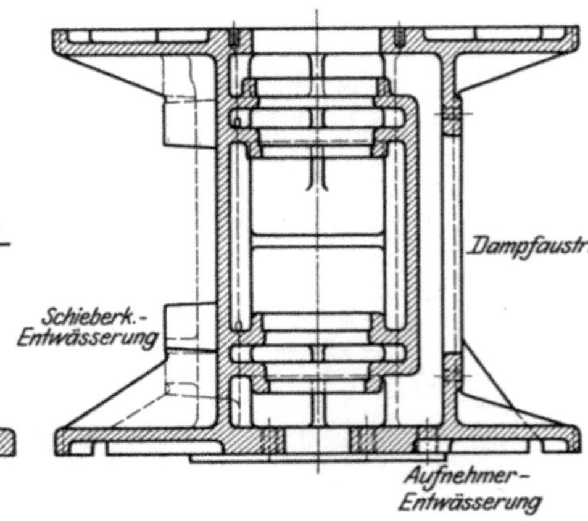

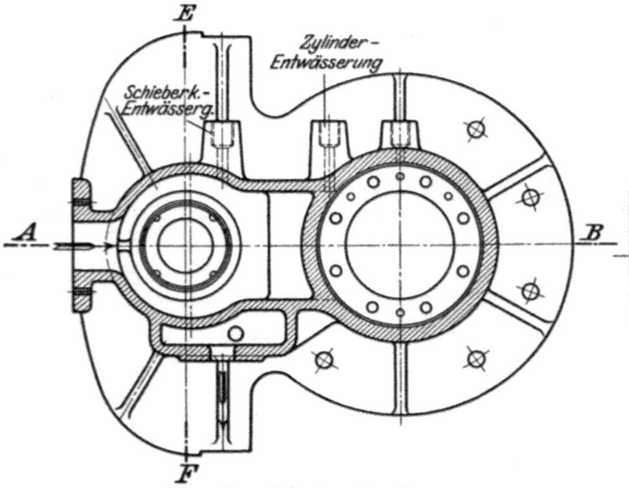

Fig. 90. Schnitt C—D.

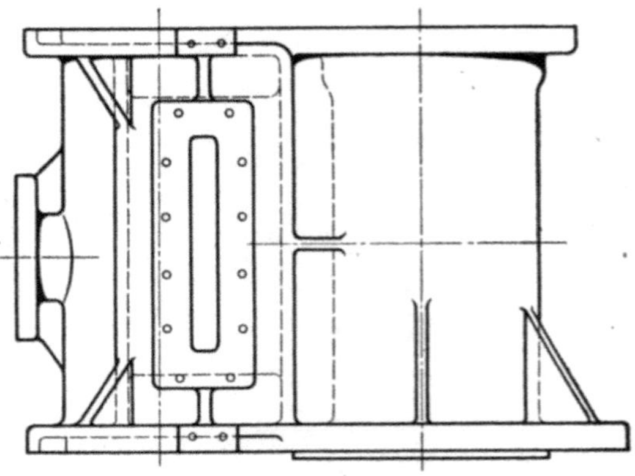

Fig. 91.

Fig. 88 bis 91. Hochdruckzylinder der stehenden Verbundmaschine 400 Hub. (A. Borsig, Berlin-Tegel.)

Dasselbe gilt auch von dem Zylinder Fig. 47 bis 50 mit dem Unterschied, daß hier die Wärme an den Abdampf übergeht. Doch zeichnet sich diese Bauart durch die gedrungene Anordnung aus, die außergewöhnlich kurze Kanäle zwischen Schieber und Zylinder ergibt.

Für die Ventilzylinder liegender Maschinen galt früher als fast allgemein vorbildlich die Bauart von Gebr. Sulzer. Der Dampf tritt unten in den Dampfmantel, aus diesem oben durch das eingebaute Absperrventil in den oberen Ventilkasten, aus den Auslaßventilen in den unteren Ventilkasten und aus diesem durch den in der Mitte angeordneten Stutzen in die Abdampfleitung (vgl. Fig. 27). Für Zylinder ohne Dampfmantel blieb die Bauart zunächst im wesentlichen die gleiche. Durch einen rings um den Zylinder oder auch nur einseitig heraufgeführten Kanal gelangte der Dampf in den die Einlaßventile verbindenden Kanal, der direkt auf dem Zylinder aufgesetzt war. In gleicher Weise blieb auch der Austrittskanal zwischen den Auslaßventilen bestehen (vgl. den Niederdruckzylinder Fig. 92 bis 96). Bei symmetrischer Anordnung und kleineren Zylindern sind wesentliche Spannungen infolge der verschiedenen Temperaturen nicht zu erwarten. Hochdruckzylinder von 800 mm Hub, in der angegebenen Weise ausgeführt, haben auch bei Heißdampf keine Schwierigkeiten ergeben. Hingegen sind die Wärmeverluste bei dieser Bauart beträchtlich. Zunächst tritt der Frischdampfkanal meist bis zur Mitte oder auch ganz in den Abdampfkanal hinein und ergibt dadurch eine schädliche Wärmeableitung. Dann läuft der Kanal auf dem mittleren, also kälte-

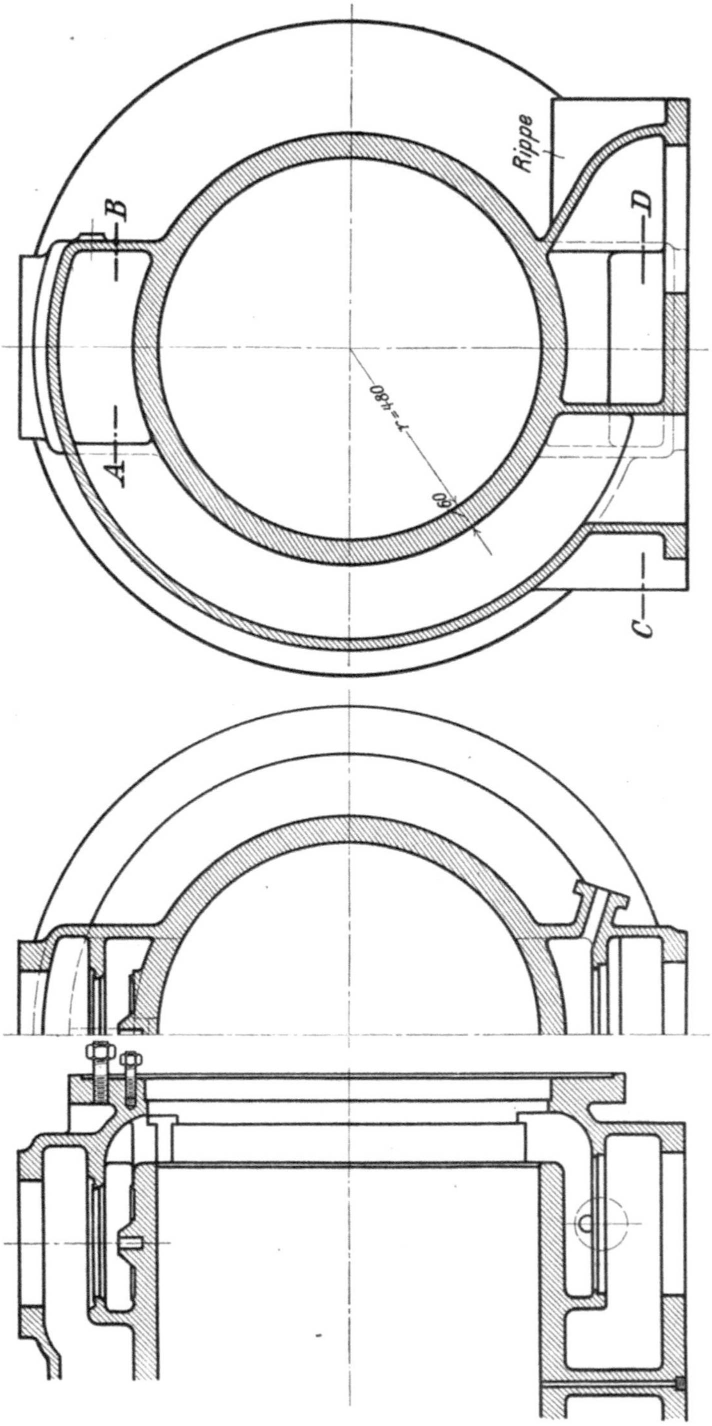

Fig. 94. Fig. 93. Fig. 92.

Fig. 92 bis 96. Niederdruckzylinder der liegenden Tandem-Maschine $\frac{585}{960} \times 1000$.

(M. A.-G. vorm. Swiderski, Leipzig.)

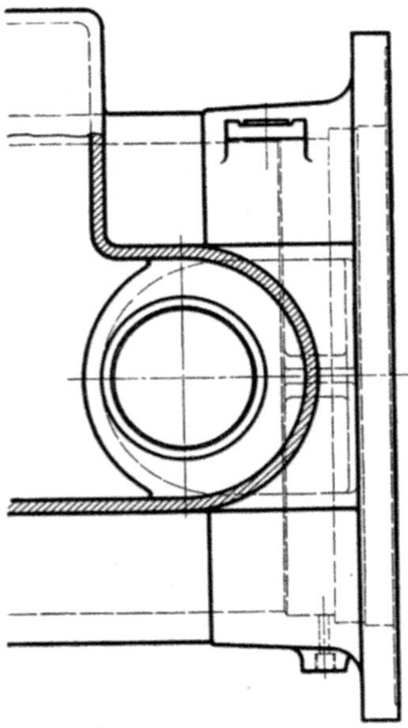

Fig. 95. Schnitt $A-B$.

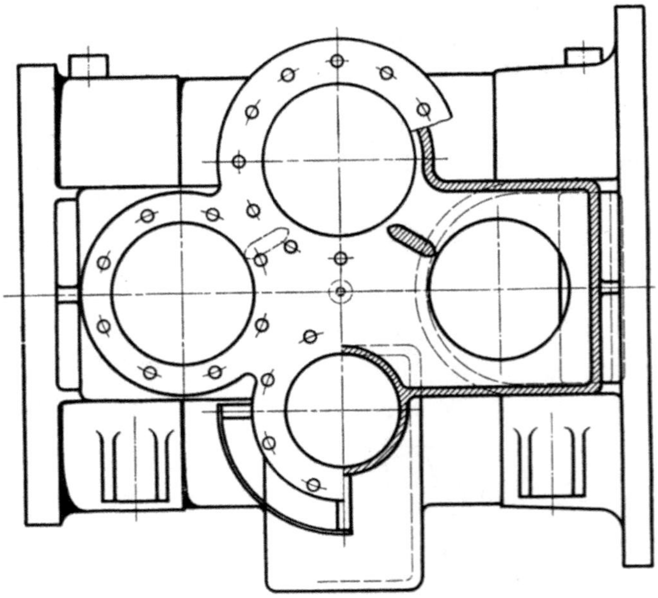

Fig. 96. Von unten gesehen.

Fig. 92 bis 96. Niederdruckzylinder der liegenden Tandem-Maschine $\frac{585}{960} \times 1000$.
(M. A.-G. vorm. Swiderski, Leipzig.)

Fig. 97.

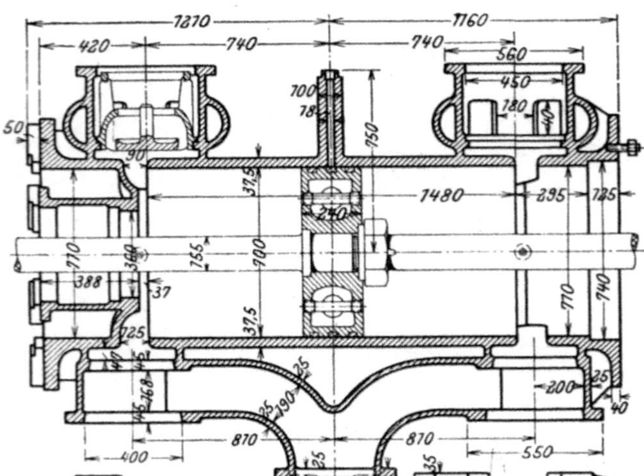

Fig. 98.

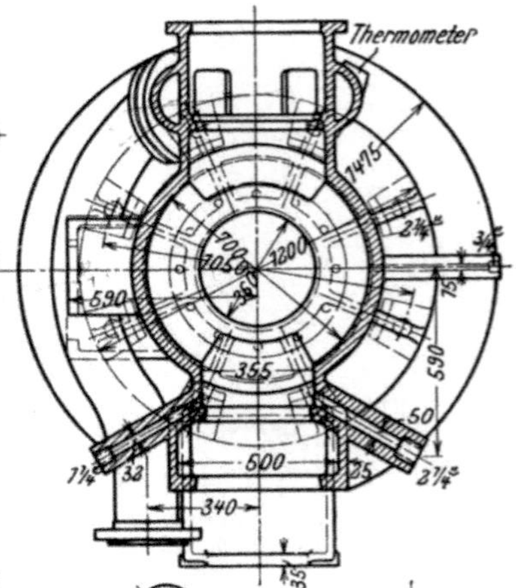

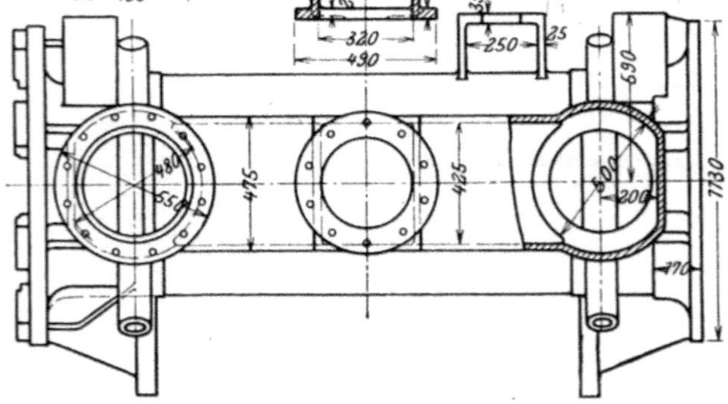

Fig. 99.

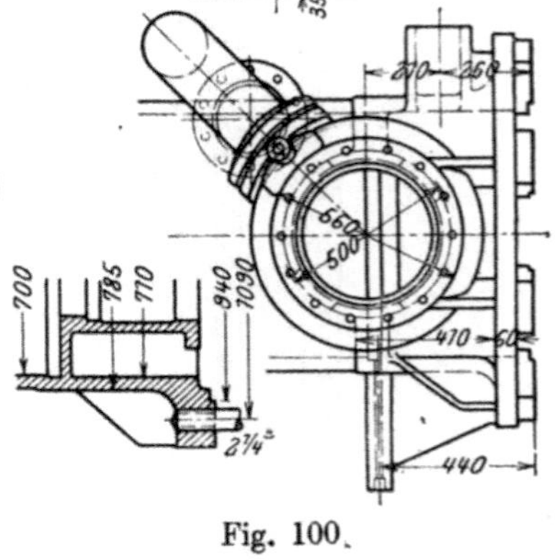

Fig. 100.

sten Teile des Zylinders, nach oben und kann dabei noch nicht einmal als Heizung des Zylinders in Betracht kommen, da der Kolben diesen Teil des Zylinders nur kurz vor dem Dampfaustritt und während desselben freigibt, so daß die aus dem Kanal nach dem Zylinder strömende Wärme zum größten Teil an den austretenden Dampf übergeht. Ferner geben die angegossenen Ventilkasten weitere Gelegenheit zu unerwünschten Wärmeübergängen nach und von dem Zylinder. Man kam deshalb zunächst auf die Bauart Fig. 64, d. h. man löste diese Ventilkasten vom Zylinder los (siehe die Ansichtfigur, oben links). Der nächste Schritt wäre der gewesen, auch den Zuführungskanal vom Zylinder zu trennen und in Form eines Rohres mittelst Flansch an den oberen Ventilkasten anzuschließen. Diese Form ist aber erst später aufgekommen, nachdem man bereits die Verbindungskanäle zwischen den Ventilen überhaupt verlassen hatte und den Dampf jedem Einlaßventil durch ein besonderes Rohr zugeführt und ebenso von den Auslaßventilen abgeführt hatte (vgl. Fig. 67). Diese für Heißdampfzylinder äußerst günstige Form ist nach ihrer Einführung so vorbildlich geworden, daß man auch ganz kleine und kurze Zylinder unter 500 Hub in gleicher Weise ausgeführt hat. Das war natürlich zu weit gegangen, denn die Rohrverbindung ist bei solch kleinen Zylindern verhältnismäßig unbequem und teuer, und der Vorteil ganz unbedeutend. Dagegen kann bei solch kleinen Zylindern die oben erwähnte Bauart angegossener, jedoch nicht mit dem Zylinder in unmittelbarer Berührung kommender Verbindungskanäle zwischen den Ventilen und mit je einem Dampfzuführungs- und einem Dampfaustrittsrohr mit Vorteil zur Anwendung kommen.

Ein Zylinder der Gebr. Storck, bei dem nur der Austrittskanal mit dem Zylinder zusammengegossen, aber ohne direkte Berührung mit dem Zylindermantel ausgeführt ist, zeigt Fig. 97 (Z. Ver. deutsch. Ing. 1910, S. 1346).

Fig. 31 zeigt, ähnlich wie Fig. 63, die Lostrennung der angegossenen Ventilkasten vom Zylindermantel. Das bemerkenswerte an diesen Zylindern ist, daß durch die Anordnung des Dampfeintrittes unten am Hochdruckzylinder alle weiteren Kanäle überflüssig geworden sind.

Als Schluß dieser Entwicklung ist Fig. 75 zu betrachten. Hier sind die Ein- und Auslaßventile jeder Zylinderseite in einem besonderen Gußstück untergebracht, und es erfolgt die Dampf-Zu- und -Abführung durch angeschraubte Rohre.

Fig. 80 zeigt eine Anordnung der Ventile in den Zylinderdeckeln, bei der also ebenfalls der eigentliche Zylinder von allen angegossenen, Frischdampf führenden Kanälen frei bleibt. Nur um die Mitte des Zylinders läuft der Dampfaustrittkanal, der hier ganz ungefährlich ist, da der Zylinder an dieser Stelle sowieso die niedrigste Temperatur hat, und eine Ableitung von Wärme aus dem Zylinderinnern in den Abdampf durch die Arbeitsweise der Gleichstromdampfmaschine auf das kleinste Maß vermindert wird.

Verbindung des Zylinders mit der Gradführung.

Bei kleinen Zylindern wird auch heute noch häufig der volle Zylinderflansch gegen den betreffenden Flansch der Gradführung gelegt und mit diesem verschraubt. Immer mehr und immer allgemeiner wird aber durch entsprechende Aussparungen des einen der beiden Flanschen darauf hingewirkt, daß durch die Berührungsflächen möglichst wenig Wärme abgeleitet werden kann (siehe z. B. Fig. 54 und 101). Es geschieht dies nicht nur der Wärmeverluste wegen, sondern auch weil die starke Erwärmung der Gradführung an und für sich unzweckmäßig ist. Die Kreuzkopfgleitschuhe, die bei kalter Maschine eingepaßt worden sind, erhalten durch die Erwärmung der Gleitbahn mehr Spiel als für ruhigen Gang zulässig ist, und auch die Schmierung der heißen Gleitbahn kann Schwierigkeiten verursachen. Mit aus diesem Grunde wird auch heute allgemein bei Einkurbel-Verbundmaschinen der Niederdruckzylinder direkt an die Gradführung geschraubt, obschon man dadurch das Herausnehmen des Niederdruckkolbens erschwert.

Bei Maschinen mit gebohrter, zylindrischer Kreuzkopfführung ist stets eine Zentrierleiste anzuordnen. Der Wert derselben ist zwar nicht immer so groß als angenommen wird, da es in vielen Fällen unmöglich ist, die Zentrierleiste und die zugehörige Bohrung herzustellen, ohne das Werkstück oder doch mindestens wichtige Teile der Werkzeugmaschine umspannen zu müssen. Man darf sich deshalb bei der Montage nicht unbedingt auf diese Zentrierung verlassen. Zentrierleisten werden übrigens auch bei Maschinen mit prismatischer Kreuzkopfführung angewendet, obschon sie in diesem Falle ziemlich zwecklos sind.

Die Fig. 13, 54, 101 und 102 zeigen einige der gebräuchlichen Verbindungsarten. Fig. 54 und 102 weisen den Nachteil langer Verbindungsschrauben auf, der bei Fig. 102 besonders ins Gewicht fällt, da hier die Schrauben an der betriebswarmen Maschine nur unvollkommen nachgezogen werden können. Fig. 13 und 101 zeigen dagegen kurze Verbindungsschrauben, bei denen ein nachträgliches Nachziehen nicht notwendig ist. Die Bauart Fig. 13 hat den Nachteil, daß eine besondere Verkleidung des Gradführungsflansches erforderlich ist, dafür liegen aber die Muttern der Verbindungsschrauben außerhalb der Wärmeschutzmasse.

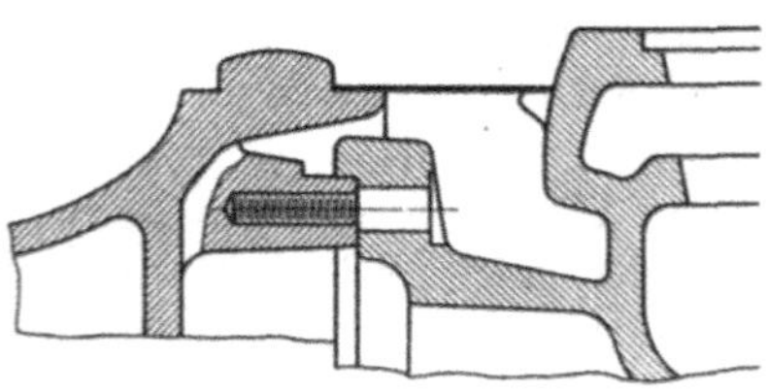

Fig. 101.

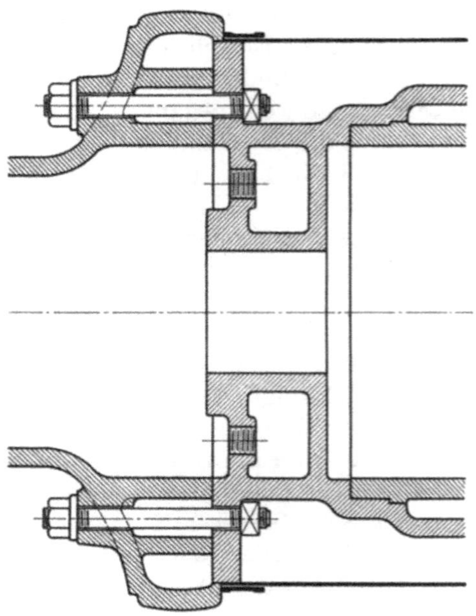

Fig. 102.

Alles oben Gesagte gilt auch für die Verbindung der Zylinder mit dem Zwischenstück bei Einkurbel-Verbundmaschinen. Hier ist, wie schon im ersten Teil erwähnt, außerdem besonderer Wert darauf zu legen, daß der Flansch des vorderen Zylinders möglichst klein ausfällt. Man wird dementsprechend den hinteren Deckel des Niederdruckzylinders so klein wie möglich halten, da dessen Durchmesser meist auch die Größe der im Zwischenstück vorzusehenden Öffnung bedingt. Man kann sich ja damit begnügen, letztere so groß zu machen, daß nur der Kolben des vorderen Zylinders ausgebracht werden kann, nicht aber der Deckel.

Beim Ausbauen des Kolbens muß dann zuerst der Zylinderdeckel gelöst und möglichst weit nach hinten geschoben werden. Doch wird dadurch nur an der Öffnung etwas gespart, das Zwischenstück selbst fällt aber dafür länger aus. Bei kleinen Maschinen legt man die Öffnungen des Zwischenstückes häufig auf beide Seiten, so daß der Querschnitt des Zwischenstückes ziemlich symmetrisch zur wagerechten Mittellinie ausfällt. Bei größeren Maschinen mit solchen Zwischenstücken würde aber das Ausbauen des Kolbens und Deckels wegen der schon beträchtlichen Gewichte schwierig werden. Man ordnet deshalb nur eine Öffnung ganz oben oder etwas seitlich an. Besonders bei letzterer Anordnung ist eine vor dem

Ausbau des Kolbens herausnehmbare Versteifung dringend zu empfehlen, da sonst durch die ungleiche Verteilung der Zug- und Druckkräfte im Zwischenstück leicht ein „Schwänzeln“ des hinteren Zylinders eintritt. Auch wenn die Öffnung ganz oben liegt, ist eine gleichmäßigere Verteilung dieser Kräfte durch die Anordnung eines oder zweier Anker erwünscht.

Durch die Anwendung der neueren Kolbenstangenabdichtungen konnte die Bauhöhe der Deckel teilweise erheblich verringert werden, so daß im allgemeinen die Zwischenstücke wesentlich kürzer ausfallen, als bei älteren Maschinen. Dichtungen, die überhaupt keine Wartung und kein Nachziehen erfordern, haben es schließlich möglich gemacht, auf das Zwischenstück überhaupt zu verzichten und die Zylinder direkt hintereinander anzuordnen (vgl. Fig. 31). Hier muß natürlich, um ein Ausbauen der Kolben und Deckel zu ermöglichen, der Niederdruckzylinder wieder hinten angeordnet werden. Die Frage, ob die Vorteile dieser gedrängten Bauart nicht zum Teil erkauft sind mit ungünstigen Wärmeübergängen vom Hochdruckzylinder nach dem Niederdruckzylinder, kann wohl nicht mit Bestimmtheit verneint werden. Günstige Dampfverbrauchszahlen solcher Maschinen können verschiedenen anderen Vorteilen der Zylinderbauart, den kleinen Abkühlungsflächen nach außen, den losgelösten Dampfkanälen und dgl. zugeschrieben werden.

Eine besondere Form des Zwischenstückes ist bei den Einkurbel-Verbundmaschinen erforderlich, bei denen die Ventile oder Schieber in den Deckeln der Maschine angeordnet sind, z. B. bei der Bauart van den Kerchove. Hier muß das Zwischenstück zum Ausbau des Niederdruckkolbens ganz entfernt und zu diesem Zweck zweiteilig ausgeführt und mit den Zylindern durch Kopfschrauben verbunden werden. Zum Abziehen der Deckel werden dabei unten Zahnstangengetriebe angeordnet. Das Zwischenstück selbst kann dabei natürlich verhältnismäßig kurz ausgeführt werden, da seine Öffnungen nur die Bedienung der Stopfbüchsen ermöglichen müssen.

Zylinderfüße.

Besondere Aufmerksamkeit wurde seit längerer Zeit schon den Zylinderfüßen zuteil, da die Erfahrung gezeigt hatte, daß diese recht häufig die Ursache von erheblichen Formänderungen der Laufbahn bilden. Die bei älteren Maschinen mitten unter dem Zylinder angeordneten Füße hatten Übelstände nicht ergeben, da dieselben ja meist gar nicht direkt mit der Lauffläche, sondern nur mit dem äußeren Zylindermantel zusammenhingen. Als aber der Fuß am hinteren Ende des Zylinders angeordnet wurde, zeigte sich häufig, daß die gleichmäßige Ausdehnung des Zylinders und der Laufbüchse, die gerade an dieser Stelle im äußeren Zylinder gelagert ist, durch die Füße verhindert und der Zylinder unrund wurde. Andere Nachteile der Zylinderfüße wurden bereits auf S. 8 angegeben.

Aus allen diesen Gründen kam man immer mehr dazu, die angegossenen Füße überhaupt zu vermeiden. Der Zylinder wird einerseits durch den Flansch der Gradführung und am hinteren Ende durch einen besonderen Tragring gehalten, der entweder fest mit dem Zylinder verbunden ist und sich auf einer Fußplatte verschieben kann, oder der selbst fest verankert ist, dem Zylinder aber freie Längsausdehnung gestattet. Statt des Ringes wird auch nur ein Ringstück verwendet, wie aus Fig. 27 ersichtlich.

Sind angegossene Füße nicht zu umgehen, so werden sie zweckmäßig möglichst kurz gehalten und dafür, wenn erforderlich, die Fußplatten, die im Fundament verankert sind, mit erhöhten Tragflächen ausgebildet. Die Füße werden mit den Fußplatten nicht fest verschraubt; die Verbindung ist vielmehr so zu gestalten, daß der Zylinder sich ungehindert ausdehnen kann. Die Verbindungsschrauben sind bei richtiger Befestigung des Zylinders an der Gradführung bzw. richtiger Ausbildung des Zwischenstückes bei Einkurbel-Verbundmaschinen eigentlich überhaupt überflüssig und können deshalb verhältnismäßig schwach gehalten werden. Überflüssig, ja schädlich sind auch bei Ventilmaschinen die früher allgemein üblichen seitlichen Führungsleisten, da sich, wie schon erwähnt, die Füße bei starker Erwärmung leicht festklemmen und dadurch Verzerrungen des Zylinders selbst verursachen können. Bei Zylindern mit großen Flachschiebern kann man hingegen, wegen des durch die Schieberreibung verursachten Drehmomentes, das den Zylinder quer zur Achse zu verschieben sucht, auf diese seitlichen Führungen nicht verzichten. Die Leisten der Fußplatten müssen dann aber innen, zwischen den Zylinderfüßen liegen.

Der vordere Zylinder der Einkurbel-Verbundmaschinen erhält meist überhaupt keinen Fuß, sondern wird einerseits im Gradführungsflansch, andererseits im Zwischenstück, das mit einem breiten Fuß versehen werden kann, durch die Zentrierungsleisten gehalten.

Zylinderdeckel.

Bei kleinen Zylindern, die zum Ausbohren auf die Planscheibe gespannt werden oder die auf der Karusselldrehbank ausgebohrt werden, kann der untere bzw. vordere Zylinderdeckel direkt angegossen werden. Soll der Zylinder jedoch auf dem Bohrwerk bearbeitet werden, so muß der vordere Deckel für sich hergestellt werden, um eine genügend große Öffnung für die Bohrspindel zu erhalten, oder der angegossene Deckel muß mit einem „Stopfbüchseneinsatz“ von ausreichendem Durchmesser versehen werden (Fig. 54, 67 und 102). Bei Zylindern mit Deckelheizung wird dann dieser Einsatz nicht geheizt, was den Vorteil bietet, daß die Stopfbüchse dem Einfluß des Heizdampfes entzogen bleibt. Die früher gebräuchliche Bauart, den Deckel zwischen Zylinder und Gradführung zu klemmen, ist in der aus Fig. 107a ersichtlichen Art und Weise nicht empfehlenswert, weil dabei der ganze Druck von der zwischen Deckel und Zylinderflansch liegenden Dichtung aufgenommen werden muß und ein Undichtwerden dieser Verbindung nicht ausgeschlossen ist. Besser ist die Verbindung nach Fig. 13, bei der der Deckel eingepreßt, mit Kupfer gedichtet und mit dem Zylinderflansch zusammen überdreht wird, doch wird diese Verbindung durch das nochmalige Aufspannen des Zylinders nach dem Einsetzen des Deckels etwas teuer. Man beachte ferner die Deckel bei Fig. 62, 64 und 67.

Alle Deckel, durch die die Kolbenstange hindurchgeführt ist, müssen selbstverständlich gut zentriert sein. Da es aber schwierig wäre, Deckel, die tief in den Zylinder hineinragen, wieder auszubauen, wenn sie auf der ganzen Länge genau in den Zylinder passen, erhalten die Deckel meist nur eine verhältnismäßig schmale Zentrierleiste, während sie im übrigen etwa 1 mm kleiner gedreht werden als die Bohrung im Zylinder beträgt. Der entstehende Zwischenraum muß aber als schädlicher Raum mit sehr großer Abkühlungsfläche betrachtet werden, so daß es richtiger erscheint, die Dichtung nicht zwischen Zylinder und Deckelflansch zu legen, sondern beispielsweise mittels Kupferdichtungsring an der innenliegenden Zentrierleiste anzuordnen.

Soweit wie irgend möglich werden Rippen zur Verstärkung des Deckels vermieden. Wenn sie nicht zu umgehen sind, müssen in den Ecken Aussparungen vorgesehen werden (z. B. Fig. 54), da diese Stellen stets lockeren Guß aufweisen. Bei doppelwandigen Deckeln ist auch bei größeren Durchmessern eine genügende Versteifung ohne Rippen leicht dadurch zu erreichen, daß die äußere Wand stark kegelförmig ausgebildet und nur durch den Stopfbüchsenhals mit der Innenwand verbunden wird.

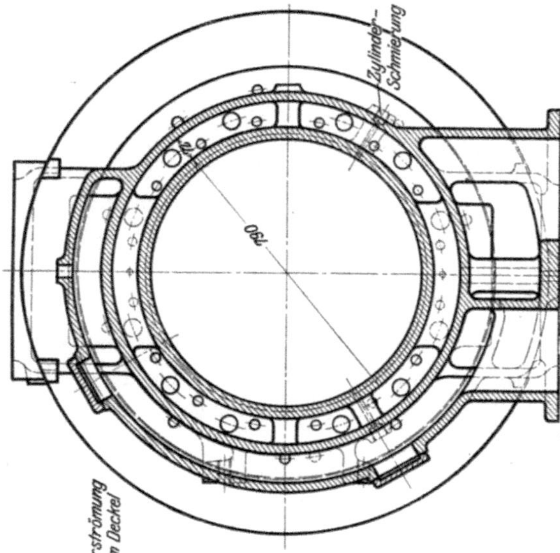

Fig. 105.

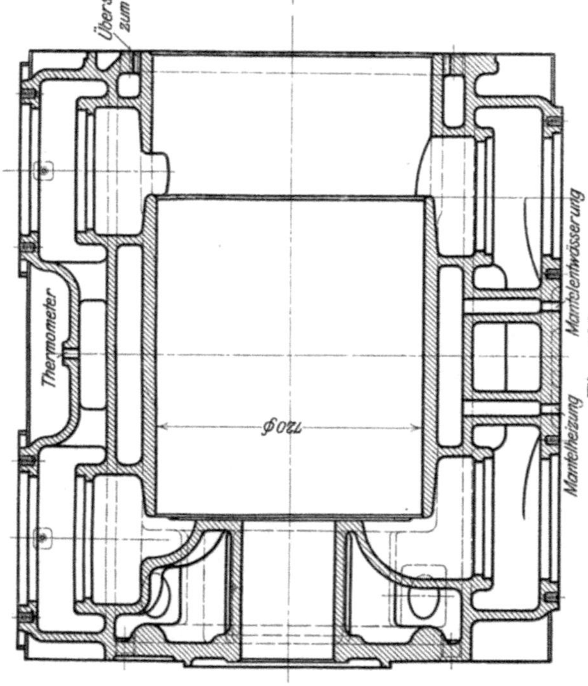

Fig. 104.

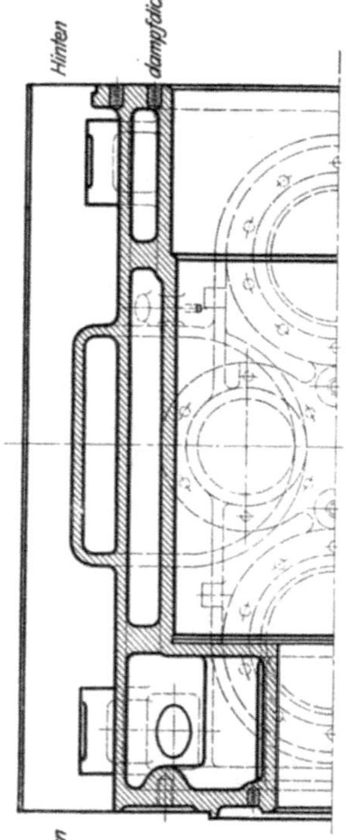

Fig. 106.

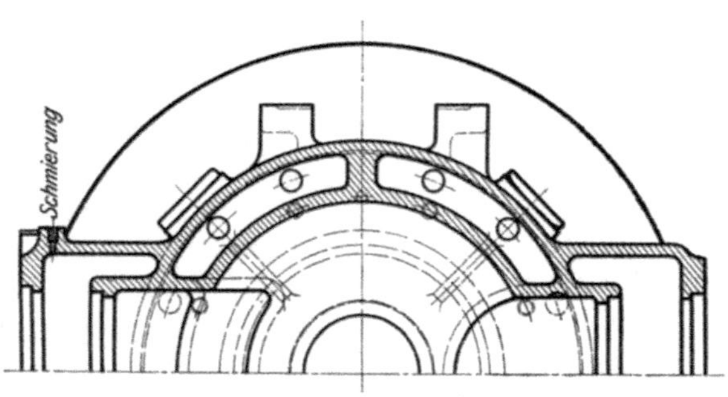

Fig. 103.

Fig. 103 bis 106. Niederdruckzylinder der liegenden Verbundmaschine $\frac{430}{720} \times 700$. (A. Borsig, Berlin-Tegel.)

Einen Anschluß des Deckelheizraumes an die Mantelheizung zeigt Fig. 104. Bei stehenden Maschinen ist für genügende Entwässerung des oberen Deckelheizraumes dadurch zu sorgen, daß das Dampfaustrittsrohr bis nahe an den Boden des Heizraumes heruntergeführt wird.

Die Deckelhöhe und Zylinderlänge sind so zu bemessen, daß zwischen dem Deckel und dem Kolben in den Totlagen genügender Spielraum bleibt. Meist wird derselbe bei betriebswarmer Maschine auf ca. 1 v. H. des Kolbenlaufes bemessen. In kaltem Zustande muß deshalb das Spiel vorn etwas geringer sein als hinten, weil die Kolbenstange sich etwas weniger ausdehnt als der Zylinder.

Anschlußflächen für Steuerungsteile u. dgl.

Zum Anbau des Reglers, der Schieberstangenführungen und Steuerwellenlager werden verschiedene Arbeitsflächen am Zylinder erforderlich, bei deren Entwurf das über die Gefährlichkeit rippenartiger Ansätze am Zylinder Gesagte zu beachten

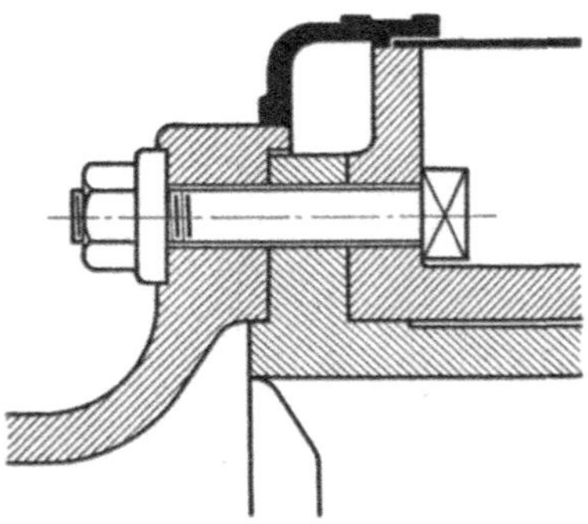

Fig. 107a.

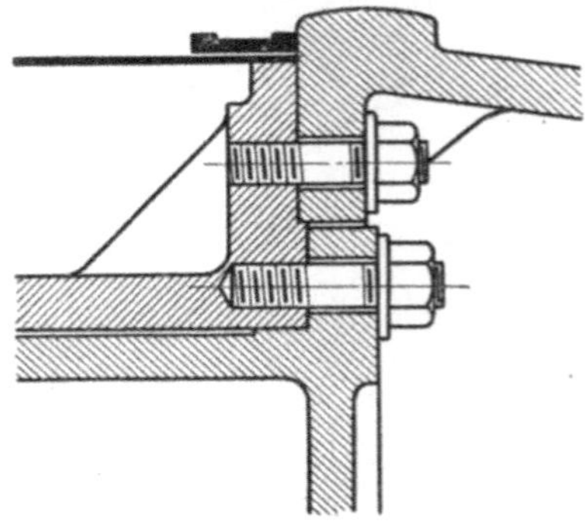

Fig. 107b.

ist. Besonders ist auf gleichmäßige Wandstärken zu achten. Die Anschlußflächen für die Steuerwellenlagerböcke nach Fig. 8 sind denen nach Fig. 76 vorzuziehen. Erstere bieten den Vorteil kurzer Verbindungsschrauben und erleichtern eine schöne Form der Lagerböcke. Bei senkrechten Flächen wird meist eine Entlastung der Befestigungsschrauben von senkrecht wirkenden Kräften (Eigengewicht und senkrechte Komponente der in der Steuerung wirkenden Kräfte) nach Fig. 76 angewendet, die auch das Anpassen der betreffenden Teile wesentlich erleichtert.

Von weiteren Angüssen sind zunächst die Indikatorwarzen zu erwähnen. Diese werden so angeordnet, daß der Kolben die Bohrung (von mindestens 10 mm) in den Totlagen nicht überdeckt. Sobald die Entfernung vom Zylinder zur Zylinderverkleidung größer wird, sollten die in Fig. 107 und 108 dargestellten eingeschraubten Indikatorstutzen zur Anwendung kommen. Als Gewinde für die Indikatorhähne wird jetzt fast allgemein 1″ engl. gewählt. Nur bei sehr kleinen Zylindern wird man noch $^3/_4$″ engl. finden.

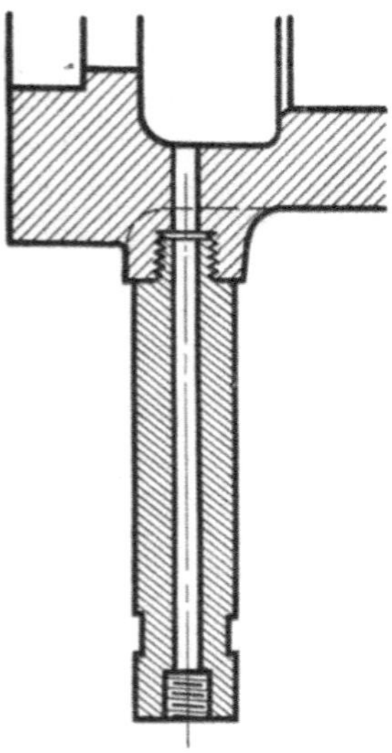

Fig. 108a.

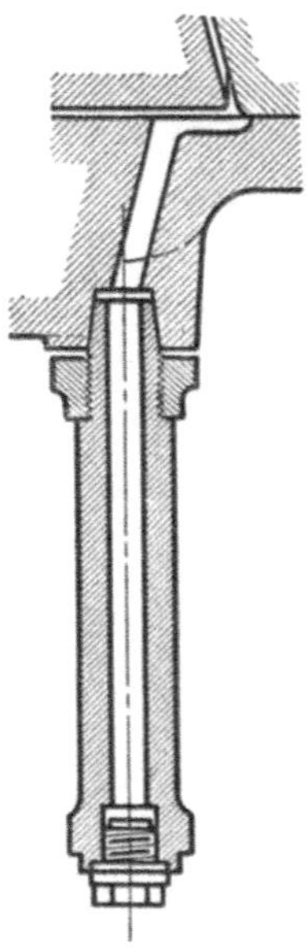

Fig. 108b.

Von sonstigen Angüssen sind noch die Stutzen für Heizung, Entwässerung, Thermometer und Manometer, sowie für den Anschluß der Schmierrohre zu nennen, bei denen ebenfalls das früher Gesagte über die Vermeidung von Materialanhäufung zu beachten ist. Einzelheiten werden beim Abschnitt Schmierung bzw. Heizung zu erwähnen sein.

Bei Schiebermaschinen sind ferner Stutzen für die Sicherheitsventile unbedingt erforderlich, damit das besonders beim Anlassen sich bildende Niederschlagswasser während der Verdichtung des Dampfes austreten kann. Bei Ventilmaschinen werden Sicherheitsventile auch noch sehr häufig angeordnet, obschon dieselben hier entbehrlich sind (vgl. Z. Ver. deutsch. Ing. 1905, S. 79). Die hierfür nötigen Stutzen sind natürlich an den tiefsten Stellen der betreffenden Kanäle anzuordnen. Der Querschnitt der Sicherheitsventile darf nicht zu klein sein, wenn sie überhaupt mehr als nur ein Warnungssignal für den Maschinisten darstellen sollen. Bei großen in die Zylinder aus der Rohrleitung mitgerissenen Wassermassen vermögen selbst reichlich bemessene Ventile nicht einen Bruch zu verhüten. In solchen Fällen kann nur ein genügend großer Wasserabscheider vor der Maschine einen Unfall verhindern, weshalb Wasserabscheider auch bei Heißdampf stets vorzusehen sind.

Während bei stehenden Maschinen und liegenden Schiebermaschinen das Hauptabsperrventil fast stets für sich allein hergestellt und mit dem Zylinder verschraubt wird, war es früher nach dem Vorbild der Sulzer-Maschinen bei liegenden Ventilmaschinen üblich, das Ventil direkt in den Zylinder einzubauen. Es erhielt seinen Platz oben zwischen den Einlaßventilen in der Weise, daß nach dem Öffnen des Ventils am Dampfkessel oder in der Dampfzuleitung der Dampf den Dampfmantel erfüllte und die Maschine dadurch angewärmt wurde. Diese Anordnung ist aber immer mehr verlassen worden, da infolge der früher schon erwähnten ungünstigen Temperaturverhältnisse die Zylinder dieser Bauart zu Rissen neigten, besonders wenn dieser Teil des Zylinders nicht sehr sorgfältig durchgebildet wurde. Bei Zylindern ohne Heizung durch den Arbeitsdampf, bei denen der Dampfzuführungskanal angegossen war, legte man dann das Ventil auf die Vorderseite des Zylinders. Dadurch blieb das Handrad auch bei größeren Zylindern ohne weiteres erreichbar. Ein besonderer Antrieb der Absperrventilspindel durch Kegelradübersetzung fiel weg, und es wurden auch die Spannungsverhältnisse günstiger. Die weitere Lostrennung der Dampfzuführung vom Zylinder ergab die sich immer mehr einbürgernde Anordnung des Ventiles in der Leitung vor dem Zylinder, wodurch die von Spezialfabriken hergestellten und deshalb auch billigeren Ventile verwendet werden konnten. Die Spindel wird nach oben verlängert und in einer Säule gelagert, an der meist auch noch die übrigen zur Bedienung der Maschine erforderlichen Ventile für Heizung, Entwässerung u. dgl. vereinigt sind.

Heizung und Entwässerung.

Bei Zylindern mit Heizmantel ist zu unterscheiden zwischen solchen, die vom Arbeitsdampf umspült werden (Fig. 29, 40, 43, 47, 52) und solchen, denen der Dampf durch eine besondere Leitung zugeführt wird (Fig. 58, 104). Letztere Art findet sich oft bei Niederdruckzylindern, wobei dann der Heizdampf meist geringere Spannung als der Kesseldampf besitzt.

Bei Maschinen ohne Heizmantel ist zum Anwärmen eine besondere Heizleitung erforderlich, durch die gedrosselter Dampf direkt in den Zylinder geschickt werden kann. Bei Verbundmaschinen ist der Anschluß dieser Leitung meist am Aufnehmer angeordnet, damit beide Zylinder gleichzeitig angewärmt werden können.

Natürlich sollte die Maschine während des Anwärmens einmal um eine halbe Kurbelumdrehung gedreht werden, damit alle Teile gleichmäßig vom Heizdampf bespült werden können. Zur Ableitung des sich bildenden Niederschlagwassers sind besonders bei stehenden Maschinen Wasserablaßhähne unbedingt erforderlich, deren Querschnitt mit Rücksicht darauf, daß das Wasser, das sich über dem Kolben sammelt, nur im oberen Totpunkt, also nur während einer sehr kurzen Zeit austreten kann, reichlich bemessen sein müssen.

Bei liegenden Maschinen mit tiefliegenden Schieberkanälen oder Ventilsteuerung sind die Wasserablaßhähne entbehrlich, bei Kolbenschiebern und solchen Schiebern, die sich bei etwaigen Wasserschlägen nicht vom Schieberspiegel abheben können, aber trotzdem zu empfehlen, um das längere Andauern der bei großen Niederschlagswassermengen sonst auftretenden Wasserschläge beim Anlassen der Maschine zu vermeiden. Liegende Ventilmaschinen, bei denen die Auslaßventile während eines großen Teiles des Kolbenhubes dem Wasser freien Abfluß gewähren, bedürfen dagegen der Wasserablaßhähne nicht.

Wärmeschutz.

Zum Schutz gegen die Wärmeausstrahlung werden die Zylinder mit den verschiedensten Wärmeschutzmassen (Kork, Seide, Asbest usw.) umkleidet. Meistens besteht die Masse aus Kieselgur mit verschiedenen Bindemitteln und wird in feuchtem Zustand auf die, wenn möglich, angewärmten Zylinder aufgetragen. Auch kommen Ziegel aus schlechten Wärmeleitern (z. B. Diatomitstein) zur Verwendung, die ebenfalls mit Hilfe eines Bindemittels um den Zylinder gemauert oder mit Draht befestigt werden. Dieser Schutz sollte sich auf alle Teile, auch die Flanschen des Zylinders erstrecken und nur da weggelassen werden, wo Schrauben voraussichtlich ab und zu gelöst werden müssen.

Die verhältnismäßig großen Ausstrahlungsflächen der Flanschen blieben früher oft ohne die wünschenswerte Umhüllung, da man keine verläßlichen Dichtungsmaterialien besaß, und die Flanschen daher leicht zugänglich sein mußten. Erst seit Verwendung von Dichtungsmaterial, das mit Sicherheit ein Undichtwerden ausschließt, wie Kupferringe oder die verschiedenen, stark gepreßten Gummi-Asbestdichtungen, ist es möglich, auch solche Stellen überall mit Wärmeschutzmasse zu umgeben. Wo die Zugänglichkeit erhalten werden muß, sucht man wenigstens durch eine isolierende Luftschicht die Strahlung zu vermindern. Der möglichst allseitig mit Wärmeschutzmasse umhüllte Zylinder, zu dem natürlich Deckel, Schieber- oder Ventilkasten zu rechnen sind, wird mit einem Mantel aus blankem Stahlblech umgeben, der nur noch die allernotwendigsten zur Befestigung erforderlichen Berührungspunkte mit den heißen Zylinderteilen besitzt. Soll der Zylinderverkleidungsmantel eine bestimmte Temperatur nicht überschreiten, so werden diese Befestigungsstellen noch mit besonderer Sorgfalt durchzubilden sein.

Das Mantelblech wird mittels kleiner Schräubchen entweder auf den Zylinderflanschen oder besser auf besonderen Winkeleisenringen befestigt, die nur an einzelnen Stellen mit dem Zylinder fest verbunden sind (Fig. 75 bis 77). Die erste Anordnung bringt immer erhebliche Erwärmung des Mantelbleches mit sich und hat außerdem den Nachteil, daß der für die Wärmeschutzmasse zur Verfügung stehende Raum meist recht knapp ist, falls man nicht die Flanschen übermäßig groß ausbildet, was nach dem früher Gesagten durchaus vermieden werden sollte.

Die Stärke der Wärmeschutzmasse sollte nicht unter 100 mm betragen. Erste Firmen gehen damit bis auf das Dreifache. Zwischen Wärmeschutzmasse und Stahlblech ist eine mindestens 20 mm breite Luftschicht zu lassen.

Die Deckelseiten der Zylinder werden durch gußeiserne Blenddeckel verkleidet (Fig. 27), die meist auch den Stahlblechmantel tragen. Zweckmäßiger ist es, den Mantel auf einem besonderen Ring zu befestigen, da sonst bei einem Öffnen des Zylinders das Stahlblech seinen Halt verliert.

In ähnlicher Weise wird der Anschluß an die Gradführung ausgebildet, falls die Verkleidung einen größeren Durchmesser erhält als der Anschlußflansch der Gradführung (Fig. 54, 64).

Schmierung.

Die Schmierung der Gleitflächen erfolgt in den meisten Fällen in der Weise, daß das Öl vor dem Eintritt in den Zylinder an einer Stelle hoher Dampfgeschwindigkeit in den Dampfstrom eingeführt wird, und zwar müssen die Schmier-

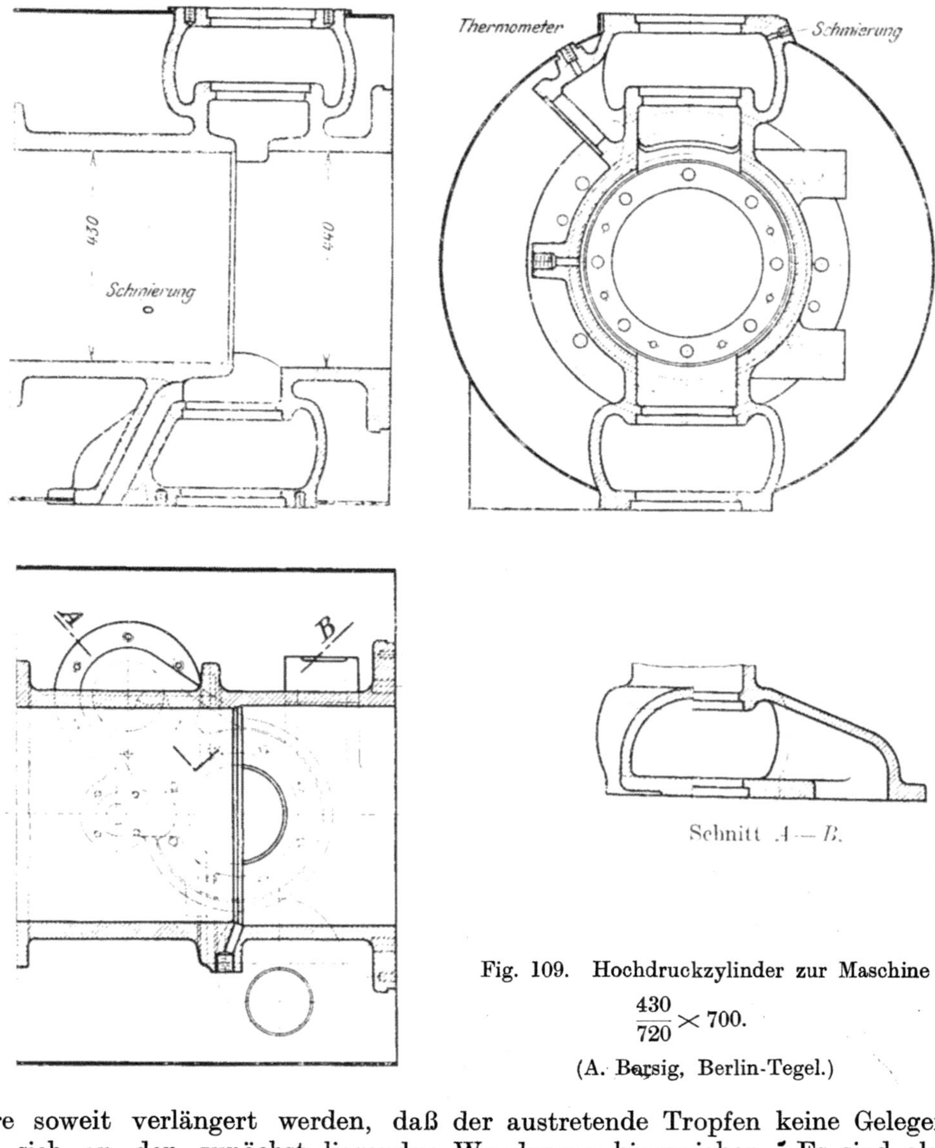

Fig. 109. Hochdruckzylinder zur Maschine $\frac{430}{720} \times 700$.
(A. Borsig, Berlin-Tegel.)

rohre soweit verlängert werden, daß der austretende Tropfen keine Gelegenheit hat, sich an den zunächst liegenden Wandungen hinzuziehen. Es sind also an geeigneten Stellen am Zylinder Warzen zum Anschluß der Schmierrohre vorzusehen. Meist wird auf diesen zunächst ein Rückschlagventil angebracht, damit der Dampf nicht in den Schmierapparat gelangen kann, wenn dieser frisch gefüllt oder nachgesehen wird. Bei Flachschiebern ist häufig noch eine besondere Schmierung für den Schieberspiegel erforderlich, da hier nicht alle Teile der Tragflächen mit dem Dampf in Berührung kommen. Besonders bei liegenden Flachschiebermaschinen muß stets das Öl an der obersten Kante des Schiebers zugeführt werden, da sonst dieser Teil kein Öl erhalten und sich sehr rasch abnützen würde. Bei Heißdampf genügt, besonders bei höheren Kolbengeschwindigkeiten, die Zuführung des Öles in den Dampfstrom nicht mehr, da bei der hohen Dampftemperatur ein großer Teil des Öles in Dampfform übergeht und die Öle mit hohem Flammpunkt sich weniger gut im Dampf verteilen. Es werden deshalb noch besondere Schmierstellen direkt in der Lauffläche angeordnet (vgl. Fig. 109).

Die Zuführung des Öles erfolgt naturgemäß unter Druck durch verschiedene Arten von Ölpumpen. Am bekanntesten sind die Ritterschen Pumpen und ähnliche Bauarten, die indessen den Nachteil haben, daß für jede Schmierstelle eine besondere Pumpe erforderlich ist und die auch meist keine direkte Beobachtung der zugeführten Ölmenge gestatten. Für Zylinder mit mehreren Schmierstellen sind Schmierapparate im Gebrauch, bei denen eine entsprechende Anzahl kleiner Pumpenkolben einen gemeinsamen Antrieb erhalten.

GPSR Compliance

The European Union's (EU) General Product Safety Regulation (GPSR) is a set of rules that requires consumer products to be safe and our obligations to ensure this.

If you have any concerns about our products, you can contact us on ProductSafety@springernature.com

In case Publisher is established outside the EU, the EU authorized representative is:

Springer Nature Customer Service Center GmbH
Europaplatz 3
69115 Heidelberg, Germany

Batch number: 10684220

Printed by Printforce, the Netherlands